基礎電気・電子計測

大森俊一
根岸照雄 著
中根 央

朝倉書店

まえがき

　計測は"知る"ことの前提であるといわれる．物事，現象の内容を把握し，理解し，あるいはこれを利用するために，知る，すなわち計測することは不可欠である．最近の電気電子技術の進歩は著しいものがあるが，そのなかで電気計測技術は重要な役割を担っている．特にセンサーとしての応用は広範囲である．

　このような情勢のなかで，電気電子計測は，あらゆるものの基礎技術として重要になってくることは，いうまでもない．

　本書は，大学・工業高専の学生，会社の技術者を対象として，基礎的な知識を習得することを主たる方針とした．そしてさらに専門的な内容を追及するときの足がかりになるようにしたつもりである．

　従来，電気計測に関する書物は古典的な技術の記述が大部分であるが，本書では最新の電子計測器についての説明を加え，またこれを理解するのに必要な電子回路についても解説した．また最近の光技術の進歩に伴って，光自体の計測について触れた．光の計測は従来光学の分野であったが，レーザの応用が盛んになるにつれて，電子技術者として必要とする範囲で述べた．

　著者らはいずれも大学での長年にわたる講義などの経験をもとに著したので，上記の趣旨に沿っているものと確信する．

　また本書は，長期間にわたり増刷を重ねてきたが，このたび朝倉書店より刊行されることになった．関係者各位に御礼申し上げる．

2008年3月

著　者

目　　次

第1章　計測の基礎

1.1　計　　測 ……………………………………………………… 1
1.2　電気単位と標準器 …………………………………………… 8

第2章　電気計器

2.1　指示電気計器の基礎 ………………………………………… 16
2.2　可動コイル形計器 …………………………………………… 22
2.3　その他の指示計器 …………………………………………… 27
2.4　検　流　計 …………………………………………………… 33
2.5　積算計器 ……………………………………………………… 35
2.6　計器用変成器 ………………………………………………… 37
2.7　記録計器 ……………………………………………………… 39

第3章　電子計測の基礎

3.1　オペアンプ …………………………………………………… 42
3.2　減　衰　器 …………………………………………………… 46
3.3　デシベル表示 ………………………………………………… 47
3.4　共振回路 ……………………………………………………… 48
3.5　フィルタ ……………………………………………………… 50
3.6　発　振　器 …………………………………………………… 53
3.7　電源回路 ……………………………………………………… 63
3.8　デジタル測定 ………………………………………………… 65

第4章　電子計測器

4.1　電子電圧計 …………………………………………………… 72

4.2	直流高感度電圧計	74
4.3	エレクトロニックカウンタ	75
4.4	デジタルマルチメータ	76
4.5	デジタルLCRメータ	78
4.6	Qメータ	81
4.7	エレクトロニック形電力計	82
4.8	オシロスコープ	83
4.9	スペクトラムアナライザ	88
4.10	FFTアナライザ	90

第5章 計測システム

5.1	計測システム	93
5.2	計測システムの構成とインタフェース	94
5.3	標準インタフェース	94

第6章 電流，電圧の測定

6.1	電流の測定	98
6.2	電圧の測定	100
6.3	電位差計による測定	101
6.4	特殊電流，電圧の測定	106

第7章 電力の測定

7.1	直流電力の測定	110
7.2	交流電力の測定	111
7.3	位相，力率の測定	118

第8章 抵抗，インピーダンスの測定

8.1	電気抵抗の測定	122
8.2	インピーダンスの測定	133

第9章 周波数，波形の測定

9.1 周波数の測定 …………………………………………………150
9.2 波形分析 ……………………………………………………156

第10章 磁気測定

10.1 磁界，磁束の測定 ……………………………………………160
10.2 磁性材料の磁化特性の測定 …………………………………167
10.3 鉄損の測定 ……………………………………………………170

第11章 光の測定

11.1 光パワーとエネルギーの測定 ………………………………174
11.2 光の波長の測定 ………………………………………………176
11.3 光スペクトラムの測定 ………………………………………177

問題解答 ……………………………………………………………179
索　引 ………………………………………………………………182

第1章　計測の基礎

1-1　計　　測

1-1-1　計　　測

　計測 (measurement) とはある量を測って数量的に表すことである．そのためには，その量と同じ種類の基準が必要である．この基準のことを**単位** (unit) といい，計測は，対象となる量がこの単位の何倍になるかを求める操作をいう．計測を行うためには，計測する量を人間の感覚に伝えるための道具が必要で，これを測定器 (measuring instrument) または計測器 (measuring equipment) という．後者はおおむね測定器の集合体の意味で使われる．

　計測のなかで，電気的手法を用い，電気量または非電気量を計測するのが電気計測である．したがってその対象は電気以外の分野にもひろがる．

　電気計測は，電気的手段を用いる計測の方法，およびこれに用いる計測器について取扱う．電気計測は物理量，化学量の計測にも応用されるし，また制御工学にも利用される．

1-1-2　誤　　差

　測定を行うと必ず誤差 (error) が生じる．いま，測定値を M，真の値を T とすると，測定値には誤差 ε を伴ってつぎのようになる．

$$M = T + \varepsilon \tag{1-1}$$

したがって誤差は，

$$\varepsilon = M - T \tag{1-2}$$

さらに，ε と T の比 ε/T を**相対誤差**といい，これを百分率で表したものを**誤差百分率**という．

また，

$$T - M = \alpha \tag{1-3}$$

で表される α を**補正**（correction）という．これは誤差と大きさが等しく符号が反対であって，測定値に補正を加えれば真の値が得られる．

測定において生じる誤差には種々のものがあるが，その主なものはつぎの三つに分類される．

（1） まちがい
（2） 系統誤差
（3） 偶然誤差

（1） まちがい（mistake） 読みまちがい，記録ちがいや，そのほか不注意による誤差のことである．まちがいによる誤差を除くには，測定を注意深く行う．ただし，異常なデータが出たからといって検討せずにまちがいと断定してはいけない．

（2） 系統誤差（systematic error） 一定の原因，たとえば目盛の狂い，測定器内部の部品（抵抗やコンデンサ）の狂いなどによって生じる誤差である．そのほか，温度の変化によるものや，測定条件によるもの，たとえば電源の内部抵抗，外部磁界によるものなどがある．また**個人誤差**といって測定者のくせによるものもある．系統誤差はこのように真値からのカタヨリである．

系統誤差を防ぐには，測定器の指示が正しいか否かをあらかじめ点検しておき，指示値は正しい値で**校正**（calibrate）しておく．温度係数のあるものは，その温度で補正した値を用いる．個人誤差は測定者を変えてみて平均値をとるなどの対策をとる．

いずれにしても，系統誤差は対策を十分たてることによってある程度小さくすることができる．

（3） 偶然誤差（random error または accidental error） まちがい，系統

誤差を除いても，なお生じる不可避的な誤差で，微妙な測定条件の変動，測定者の注意力の変化などで生ずる．測定データにいわゆるバラツキを生ずるのはこの誤差である（図 1-1 参照）．

偶然誤差は，測定値を統計学的に扱うことで処理する．統計学的に扱うさい，対象とするデータの数が無限のばあいと有限のばあいとでは異なってくる．測定値が n 個あり，これを $x_1, x_2, x_3, \cdots, x_n$ とすると，その平均値（算術平均）は，

$$\bar{x} = \frac{1}{n} \sum_{i=1}^{n} x_i \tag{1-4}$$

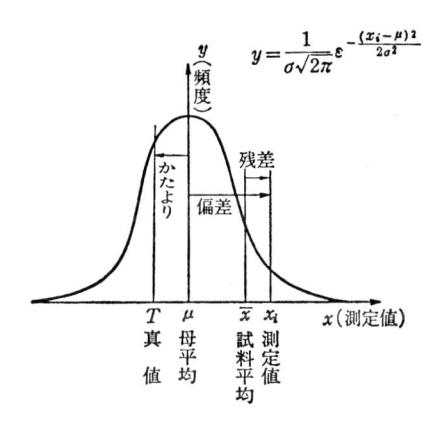

図 1-1 誤差分布曲線

となる．これらの測定値はいわゆるバラツキを示すが，同じデータ値が表れる確率を考えると，ある値を中心にして確率曲線を示す．そこでその分布状態を示す値として，標準偏差 σ （無限個のばあい）または s （有限個のばあい）で表す．s についていえば，

$$s = \sqrt{\frac{1}{n-1} \sum_{i=1}^{n} (x_i - \bar{x})^2} \tag{1-5}$$

この s が小さいとバラツキは少なく，大きいとバラツキは大きいことを示す．データ値は，s の3倍の範囲では測定値の総数の 99.72 %が含まれる（表 1-1 参照）．

表 1-1 標準偏差 s の性質

範囲	測定値が左の範囲に含まれる確率 [%]
±0.6745s	50.00
±s	68.27
±1.96s	95.00
±2s	95.46
±3s	99.72

〔例題1-1〕 つぎのような測定値 x が 10 個得られた．平均値および標準偏差を求めよ．
11.0, 12.0, 13.0, 11.6, 12.4, 13.1, 12.4, 11.4, 10.3, 13.6

〔解〕

x	$x_i - \bar{x}$	$(x_i - \bar{x})^2$
11.0	−1.08	1.1664
12.0	−0.08	0.0064
13.0	+0.92	0.8464
11.6	−0.84	0.2304
12.4	+0.32	0.1024
13.1	+1.02	1.0404
12.4	+0.32	0.1024
11.4	−0.68	0.4624
10.3	−1.78	3.1684
13.6	+1.52	2.3104
計 120.8		計 9.4360

$$\bar{x} = \frac{120.8}{10} = 12.08, \quad s = \sqrt{\frac{9.4360}{10-1}} = 1.024^{1)}$$

1-1-3 正確さと精密さ

測定結果の良さを表すには，正確さ，精密さの二つの表現法がある．**正確さ** (accuracy) とは，まちがい，系統誤差，偶然誤差のすべての誤差が小さい，すなわち真の値に近い程度を表す．たとえば，この測定の正確さは，0.1 V というように絶対値で表すか，測定値に対する相対値で ±ε というように表す．

指示計器では，計器の全目盛または定格値に対する相対値で正確さを示すのが通例である．たとえば，2.5 級の計器といえば，ある一定の条件下での誤差が定格値の ±2.5% 以内であることを保証していることを示す．ただし，この保証は指示値の大きさには関係なく一定であることを意味しているので，指示値の小さいばあいは指示値に対する相対誤差は大きくなることに注意しなければならない．

精密さ (precision) とは偶然誤差の小さい，つまりバラツキの小さい程度を表す言葉として用いられる．

---

1) $\bar{x} \pm 3s$ すなわち $12.08 \pm (3 \times 1.024) = 12.08 \pm 3.072 = 15.152 \sim 9.008$ のなかに測定値は 99.72% 含まれる．

一般には，正確さ，精密さともにすぐれた測定が望まれるわけで，これらを含めて**精度**の良い測定という．

以上の用語は測定結果の良さを表すばあいに用いるが，測定器の性能を表すばあいにも同様に用いる．すなわち，精度の良い測定器とは何回測ってもバラツキが少なく，かつ真の値に近い値が得られることを表している．

1-1-4 感　　　度

測定器にある一定の指示量の変化を与えるに要する測定量の変化をもって**感度**を表す．検流計のばあい，スケール上で光点の 1 mm のズレを生じさせる電流値の変化をもって感度を表すのは代表的な感度表示法である．この値が小さいほど感度が良い．また，測定器の指示が変化しはじめる最小の量をいうこともある．

一般に感度が良いからといって正確であるとは限らない．また感度の良い測定器は，振動とか誘導とかの外部条件に敏感であり，測定範囲も狭くなるから，使用目的に適した感度のものを選ぶ必要がある．

1-1-5 測定法の分類

測定法の分類の方法はいろいろあるが，一般的な方法としてつぎのものがある．

（a） 直接測定と間接測定　　被測定量と同じ種類の量と直接比較する測定を**直接測定**という．たとえば，電圧計で電圧を測るようなばあいである．

これに対して，被測定量を直接測らずに，これとある関係にある他の量を測って，その結果から計算などで被測定量を求めるものを**間接測定**という．たとえば，ある抵抗に消費する電力を求めるのに，抵抗に流れる電流を求めし，抵抗値と電流値から消費電力を求めるばあいがその一例である．

上の例のように間接測定をするばあいは，各測定値の誤差が計算結果にどのように影響を及ぼすであろうか．これについてはつぎのような**誤差伝搬の法則**があり，それぞれの量を最適な精度で測定することが必要である．

いま，$x_1, x_2, x_3, \cdots$ を測定して y という量を求めるばあい，

$$y = f(x_1, x_2, x_3, \cdots) \tag{1-6}$$

とする. $x_1, x_2, x_3, \cdots$ にそれぞれ誤差 $\delta x_1, \delta x_2, \delta x_3, \cdots$ があると, y には

$$\delta y \doteqdot \frac{\partial f}{\partial x_1}\delta x_1 + \frac{\partial f}{\partial x_2}\delta x_2 + \frac{\partial f}{\partial x_3}\delta x_3 + \cdots \tag{1-7}$$

という誤差を生ずる.

測定のさいは, この右辺の各項がほぼ等しい値となるようにする. たとえば抵抗値と電流値から消費電力を求めるばあいを例にとると,

$$P = I^2 R \tag{1-8}$$

$$\delta P \doteqdot 2IR\delta I + I^2 \delta R \tag{1-9}$$

P で割ると

$$\frac{\delta P}{P} \doteqdot \frac{2}{I}\delta I + \frac{1}{R}\delta R = 2\frac{\delta I}{I} + \frac{\delta R}{R} \tag{1-10}$$

いま R を固定して I が1% 変化すると,

$$\frac{\delta P}{P} = 0.02$$

I を固定して R が1% 変化すると

$$\frac{\delta P}{P} = 0.01$$

すなわち, 消費電力に対して電流値が抵抗値に比べて2倍の影響を及ぼすことがわかる. したがって電流値を抵抗値の2倍の正確さで測定することが適切である.

(b) **偏位法と零位法** 指示電気計器で指針の振れを目盛上で読みとる方法は最もよく使われる方法で, **偏位法** (deflection method) という. 計量装置で数値を読みとるもの, たとえば積算電力量計なども偏位法に含まれる.

被測定量とは別に大きさを調整できる既知の標準量を用意し, これを被測定量と平衡させる (検流計などで零位を検出する). そのときの標準量の大きさから被測定量を知る方法を**零位法** (zero method または null method) という. 電位差計やブリッジによる測定法はこれに属する.

一般に零位法は偏位法に比べて精度の良い測定ができる. それは, 偏位法では目盛で精度がきまるのに対し, 零位法では平衡をみる検出器の感度さえ良けれ

ば，標準量の正確さで精度がきまるからである．しかし測定の手数は偏位法のほうが少ない．

また，偏位法では指針などを回転させるためのエネルギーを被測定量からとるので被測定量を乱すことが多いが，零位法では平衡がとれるまで標準量を変え，平衡がとれた状態では被測定量からエネルギーをとらないので被測定量を乱すことがない特徴がある．

1-1-6 測定値の取扱い

いかなる測定においても，指示計器や測定器の感度や測定精度には限界があるから，測定から得た値はすべて近似値である．したがって測定値は，数学で取扱う数値とはその内容が多少異なる．一例として 1V 目盛の電圧計で一目盛以下を目分量で読みとって 23.4V という値を得たとする．数学的には 23.4 でも 23.400 でも同じであるが，測定のばあいは 23.4 は 23.3 と 23.5 の間にあるもっともらしい値とみなす．ゆえに最後の桁の 4 は正確な 4 ではない．したがってこの 4 以下の桁に関しては意味がない．このばあい，意味のある数字を有効数字という．このように測定値を表すさいには誤差を含む桁が最小桁になるようにし，不必要な桁数を扱うことのないように注意する．

たとえば 53400 と書くと，どこまでが有効数字かわからないので，もし 534 までが有効数字であるならば，534×10^2 あるいは 5.34×10^4 などと書くのがよい．0.00031 は 3.1×10^{-4} と書く．

数値を n 桁に整理したいばあい，普通は四捨五入という手段をとる．厳密には $(n+1)$ 桁目以下をつぎのように整理するとよい．

（1）$(n+1)$ 桁目以下が，n 桁目の 1 単位の 1/2 未満なら切捨てる．

（2）$(n+1)$ 桁目以下の数値が，n 桁目の 1 単位の 1/2 を超えるばあいは，n 桁目を 1 単位だけ増す．

（3）$(n+1)$ 桁目以下の数値が，n 桁目の 1 単位のちょうど 1/2 であるばあいは，n 桁目の数字が偶数であれば切捨て，奇数であれば切上げる．

〔例〕 つぎの数値を小数点 2 桁に整理する．
　　5.3661 → 5.37

1.7348 → 1.73
6.825 → 6.82
8.235 → 8.24

1-2 電気単位と標準器

1-2-1 電気単位の定義

SI単位系 (International System of Units) では,メートル,キログラム,秒,アンペア,絶対温度 [K],カンデラ,およびモルの七つを基本単位としている.

アンペアは電流の単位で,図1-2に示すように真空中で,長さが無限大,断面積が無限小の2本の導体を,1mの間隔で平行におき,これらに同じ大きさの電流を流したとき,この導体の長さ1mごとに 2×10^{-7} N の力が働いているとすると,このときの電流の大きさを1Aと定義する[1].

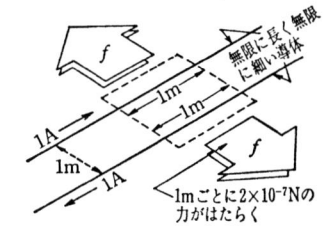

図 1-2 アンペアの定義

アンペアがきまると,電圧の単位ボルト [V] は,

$$[W]=[A]\times[V]$$

という式でワット [W] とアンペア [A] とから定義される.

そのほかの電気単位も同様にすべて理論的に定義することができる.このように理論的に組立てた単位の系列を単位系という.

SI単位系の中で用いられる電気の単位としては,アンペア [A],ボルト [V],オーム [Ω],ジーメンス [S],クーロン [C],ファラッド [F],ヘンリー [H],ウェーバ [Wb] などがある.

歴史的には,最初に cgs 電磁単位系, cgs 静電単位系,および実用単位があり,その後実用単位を含めて MKS 単位系が定義されたが,現在はこの MKS 単位系をもとにした SI 単位に統一され,七つの基本単位をもとにして組立てられた,定義の明確な一貫した単位系となった.

---

[1] 力の単位ニュートン[N]は,基本単位を用いてつぎのように表せる. $N=m \cdot kg \cdot s^{-2}$

表 1-2 SI 基本単位

量	名　　称	記号
長　　さ	メートル	m
質　　量	キログラム	kg
時　　間	秒	s
電　　流	アンペア	A
熱力学温度	ケルビン	K
光　　度	カンデラ	cd
物　質　量	モル	mol

表 1-3 電気に関する SI 組立単位の例

量	名　　称	記号	他の単位による表し方	基本単位による表し方
周　波　数	ヘルツ	Hz	1/s	s^{-1}
工率（電力）	ワット	W	J/s	$m^2 \cdot kg \cdot s^{-3}$
電気量・電荷	クーロン	C	A·s	$s \cdot A$
電圧・電位	ボルト	V	W/A	$m^2 \cdot kg \cdot s^{-3} \cdot A^{-1}$
静電容量	ファラド	F	C/V	$m^{-2} \cdot kg^{-1} \cdot s^4 \cdot A^2$
電気抵抗	オーム	Ω	V/A	$m^2 \cdot kg \cdot s^{-3} \cdot A^{-2}$
コンダクタンス	ジーメンス	S	A/V	$m^{-2} \cdot kg^{-1} \cdot s^3 \cdot A^2$
磁　　束	ウェーバ	Wb	V·s	$m^2 \cdot kg \cdot s^{-2} \cdot A^{-1}$
磁束密度	テスラ	T	Wb/m²	$kg \cdot s^{-2} \cdot A^{-1}$
インダクタンス	ヘンリー	H	Wb/A	$m^2 \cdot kg \cdot s^{-2} \cdot A^{-2}$

表1-2と表1-3はこれら SI 単位を示したものである

1-2-2 電気単位の絶対測定

電気の単位は，測定に用いるためには標準器で実現しなければならない．このように電気の単位を決定する測定を電気単位の**絶対測定**という．

アンペアは，無限に長い平行導体に流れる電流の間で生ずる力をもとにして定義されているが，これは図1-2の力fを表す式

$$f = \frac{\mu_0 I_1 I_2}{2\pi d} \tag{1-11}$$

において $d=1\,\mathrm{m}$, $I_1=I_2=1\,\mathrm{A}$ としたばあいに相当する．μ_0 は真空中の透磁率で，$\mu_0 = 4\pi \times 10^{-7}$ である．

しかし，このように無限に長い導体は実現できないので，実際には別の方法で実験する．すなわち，円形コイルに流れる電流の間に働く力を，図 1-3 のように電流てんびんを用いて分銅に働く重力と平衡させ，アンペアを決定する．この

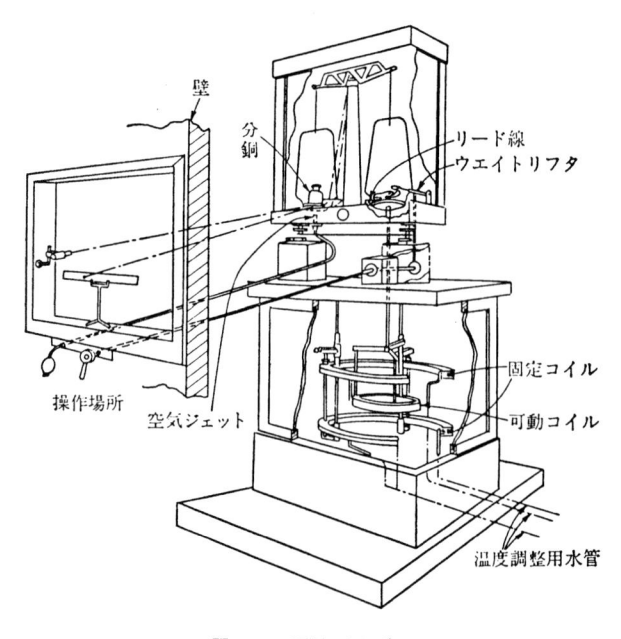

図 1-3 電流てんびん

ばあいの計算式は式 (1-11) より複雑になるが，コイルの寸法とその間の距離を測定すれば理論的に計算でアンペアを求めることができる．

1-2-3 電気単位の実際の決定法

アンペアの絶対測定のような方法は，精度が十分でないので，実際にはもっと精度の良い方法，たとえばオームやボルトのような他の単位で求める方法が用いられる．1975 年から国際的に使用されている方法は，ジョセフソン接合を用いる電圧標準，クロスキャパシタを用いる抵抗標準である．これらは，物質のもつ固有不変の性質を利用しているので，いつでも，どこででも再現できるのが特徴で，いわゆる標準器としての保存は不要となった．

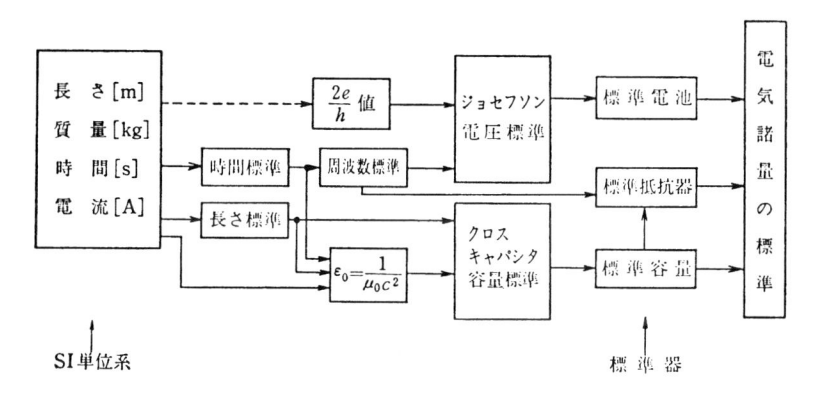

図 1-4 電気単位の決定法

これらの標準から電気諸量の標準に移す流れは，図1-4のようになる．

(a) ジョセフソン接合を用いる電圧標準　ジョセフソン接合（Josephson junction）は，1962年英国のD.B. Josephsonによって発見されたジョセフソン効果の応用である．図1-5(a)のように，Pb(鉛)のような超伝導体の2枚の板の間に，厚さ1～2 nmの薄い絶縁膜をはさんだもので，これを液体ヘリウム温度 (4.2 K) の中で，周波数 f のマイクロ波を照射し，接合部に直流電流を流すと，図1-5(b)のように接合間に現れる電圧は階段状に変化する．段の高さは

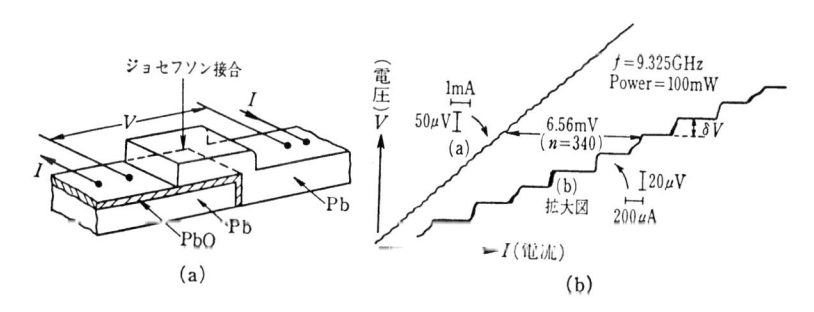

図 1-5 ジョセフソン電圧標準

一様で，1段あたりの電圧は $\delta V = (h/2e)f$ となる．ここで h はプランク定数，e は電子電荷であり，f は約 9.3 GHz，V は 20 μV 程度になるので，この数百段分の電圧を電圧標準として利用する．

f を原子時計できめると，他はすべて物理定数のみであるので，10^{-7} より良い

精度で電圧がきまる.

（b） クロスキャパシタによる抵抗標準　クロスキャパシタ（cross capacitor）は 1956 年にオーストラリアの Thompson と Lampard が発見した原理に基づくコンデンサで，図 1-6 のように無限に長い任意の断面積の 4 本の金属棒が平行に並べられているとき，相対する導体（図でAとC，BとD）間の容量の平均値は断面形状に無関係に一定となる性質をもつ．もしこの二つの容量がほぼ等しければ，その 1 m あたりの静電容量の平均値は，

$$C = \frac{\ln 2}{4\pi^2 c^2} \times 10^7 \text{ [F/m]} = 1.9535490 \text{ pF/m} \tag{1-12}$$

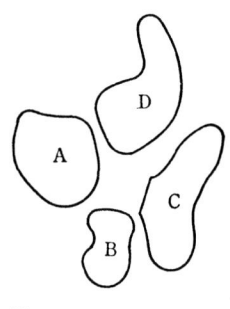

図 1-6　クロスキャパシタ

ただし，c は真空中の光速度で，$c = 2.99792485 \times 10^8$ m/s としている．

実際には図 1-7 に示すように，固定電極 A, B, C, D の中央空間に両端から挿入したガード電極棒 G_1, G_2 の間隔を変える．約 5 cm の移動距離をクリプトンの光の波長で校正したレーザ光を用いて測ると，G_1, G_2 間の容量の変化分は

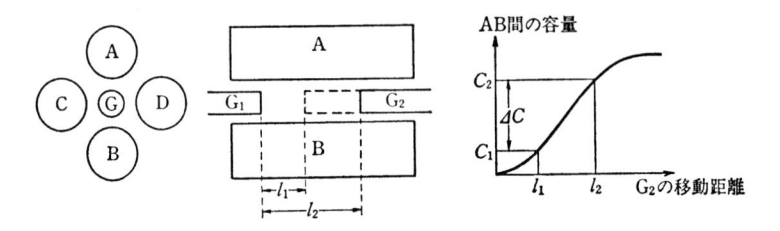

図 1-7　クロスキャパシタの実例

0.1 pF 程度であるが，物理定数のみで 10^{-7} 以上の精度で C の標準が実現できる．

1-2-4　標 準 器

電気の標準器として最も基本となるのは，標準電池と標準抵抗器である.

（a） 標準電池　これは，一定の起電力をもち，その値が安定でかつ温度係

数が小さい電池で，電圧の標準として広く用いられる．

図 1-8 は，**ウエストン電池**（Weston cell）ともよばれる飽和形カドミウム電池である．

H 形のガラス容器の一方の脚に水銀を入れて陽極とし，他方にカドミウムアマルガムを入れて陰極とし，硫酸カドミウムの飽和溶液を満たしてある．20 ℃ における起電力は電池各個により多少異なるが，1.018 ボルト程度である．また 20 ℃ 付近における温度係数は -4×10^{-5} K^{-1} 程度である．

標準電池は内部抵抗が大きいので，電流を流すと起電力が低下する．そのうえ分極作用をおこしてもとの起電力に戻るまでに長い時間がかかる．したがって標準電池に電流を流さないようにする必要があり，主として電位差計とともに用いるのが普通である．また，振動，衝撃を与えても電圧が変動するので，注意して取り扱う．

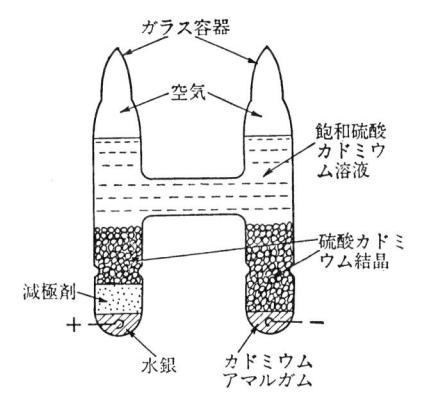

図 1-8 標準電池（ウエストン電池）の構造

（b）標準抵抗器 標準抵抗器に用いる抵抗材料としては，抵抗値が安定であること，抵抗の温度係数が小さいこと，銅に対する熱起電力が小さいことなどが必要である．また，実際に抵抗器を作る上から，適当な太さの，固有抵抗の大きい線を用いる．これらの条件を満たすものとして用いられるものはマンガニン線である．これは，Cu 84%，Mn 12%，Ni 4% 程度の合金で，温度係数は 10^{-5} K^{-1} 以下，銅線と接続したときに生ずる熱起電力は $2\,\mu$V・K^{-1} 以下であり，実用上問題はない．図 1-9 のように抵抗線は円筒形の巻枠に巻くが，線

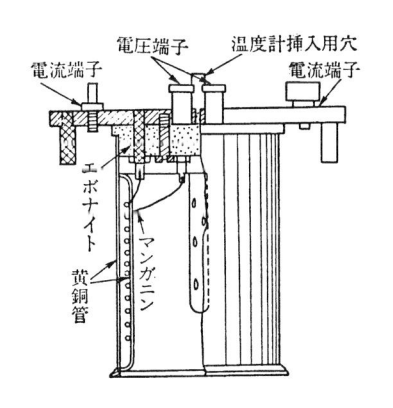

図 1-9 標準抵抗器断面図

は中央で折りかえした2本巻きとしてインダクタンスをもたないようにしてある．

抵抗値が1Ω以下のばあいは，4端子すなわち電流端子と電圧端子とを設ける．図 1-10 のように，電圧端子のつけ根とつけ根の間が規定の抵抗値 R になっている．これは，2端子形では接触抵抗が問題になるためである．

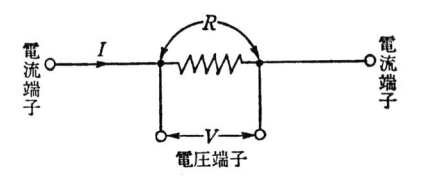

図 1-10 電流端子と電圧端子 ($R=V/I$)

標準抵抗器の温度を一定にするために，油槽に入れる．測定電流もなるべく小さくして温度上昇を小さくする．

1-2-5 電気標準とトレサビリティ

電気に関する日本の国家標準は，ジョセフソン接合による電圧標準，クロスキャパシタによる容量標準などで決定され，さらに標準電池，標準抵抗器などに値を移されて維持される．

その他の電気諸量もこれらから導いてきめられ，交流，高周波，マイクロ波などの諸量の標準も導かれる．

これら国家標準に対する測定精度の追従性を**トレサビリティ**（traceability）という．すなわち，測定の精度がどれくらい国家標準によくしたがって保たれているかの程度を表す言葉である．つまり測定の信頼性，精度，整合性が所要の水準で国全体にわたって保証されていることを表すもので，これを達成するためには工場，研究所などでトレサビリティのよいシステムを構成していくことが望まれる．

第1章　問　題

（1）誤差の種類を三つあげて説明せよ．
（2）ある電圧を6回測定したら，つぎの値が得られた．平均値およびその標準偏差を求めよ．

$$6.47,\ 6.48,\ 6.51,\ 6.48,\ 6.45,\ 6.49\ [\mathrm{V}]$$

(3) 測定の正確さ，精密さについて説明せよ．
(4) 最大指示100 Vの電圧計がある．この計器は2.5級の計器であるという．この計器が25 Vを指示しているとき，誤差はどの程度以内と考えてよいか．また指示値に対する相対誤差でいうといくらになるか．
(5) 1Ω以下の標準抵抗器には，電流端子，電圧端子の4端子が設けてある．その理由を述べよ．
(6) 20 ℃において1.018 Vの標準電池は温度が1 ℃上昇すると何 μV 変化するか．温度係数は -4×10^{-5} K^{-1} とする．

第2章 電 気 計 器

2-1 指示電気計器の基礎

指示計器とは，電気量をアナログ的に指示する計器で，目盛板上の目盛を指針が指示するものである．デジタル計器に対してアナログ計器ともいわれる．

古くから日本工業規格（JIS）[1]で性能などの規格がきめられている．

2-1-1 指示電気計器の分類

（a） **測定量による分類**　電圧計，電流計，電力計，抵抗計などに分類される．

（b） **精度による分類**　日本工業規格（JIS）では，電圧計，電流計，および電力計について，最大目盛に対する誤差の限度をつぎの5階級に分けている．

- **0.2 級**　標準として用いる高精度のもので，大型で机上に置いて使用する．
- **0.5 級**　精密測定用で，携帯用計器ともいわれ，机上に水平に置いて使用する．
- **1.0 級**　準精密測定用である．
- **1.5 級**　普通級で，一般の配電盤などに用いる．
- **2.5 級**　小型パネル用計器で，数多く用いられる．

上記の誤差の表し方は，たとえば1.0級の最大目盛100Vの電圧計では100Vの±1.0%すなわち±1Vの誤差が全目盛範囲で許容されるということを表して

---

1) JIS C 1102

2-1 指示電気計器の基礎

表 2-1 動作原理の記号

種 類	記 号	種 類	記 号
可動コイル形		静 電 形	
可動鉄片形		誘 導 形	
電流力計形 / 空 心		振動片形	
電流力計形 / 鉄心入		可動コイル比率計形	
整 流 形		可動鉄片比率計形	
熱電形 / 直 熱		電流力計比率計形 / 空 心	
熱電形 / 絶 縁		電流力計比率計形 / 鉄心入	
		遮 磁 形	

いる．したがって 10 V の指示値でも ±1 V すなわち ±10% の誤差が許される．ゆえに，なるべく目盛の大きい部分で測定するのがよい．

(c) 動作原理による分類 指針に与える駆動トルクの種類によって表 2-1 のように分類される．

2-1-2 指示電気計器の構成

指示電気計器には，つぎの**3要素**がある．

　駆動装置

　制御装置

　制動装置

以上のほかに読みとり装置や外箱，付属品などが含まれる．

（**a**）**駆動装置**　　測定量によって指針を動かすための**駆動トルク**を発生する装置で，電気量―機械量のエネルギー変換をする．これについては各計器で説明する．

（**b**）**制御装置**　　駆動トルクで指針を動かすが，指針の振れが増すにしたがって，これに対抗してもとへ戻そうとするトルクが増すようになっている．このトルクを**制御トルク**といい，制御トルクを発生する装置を**制御装置**という．

　制御装置は，主としてばねからなる．制御ばねは，古くから用いられてきたものに**うず巻ばね**があり，そのほかに**帯状ばね**が使用されることもある（図2-1）．

(a) うず巻ばね　　(b) 帯状ばね

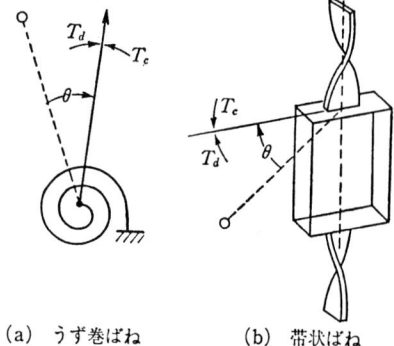

図 2-1 制御ばね

　ばね定数 τ が一定なら，制御トルク T_c は指針の振れ角 θ に比例するから，$T_c = \tau\theta$ となる．これが駆動トルク T_d と平衡したところで振れは止まるから，

$$T_d = T_c = \tau\theta \tag{2-1}$$

となり，駆動トルク T_d が測定量に比例するならば等分目盛ができる．

　計器の中には，電力量計のように駆動トルクにより円板が回転し，その回転速度が測定値を示すような計器がある．このばあいは制御トルクもその回転速度に比例した制動力を発生する制御装置が必要で，電磁制動力を用いることが多い．

　最近は，後に述べる**張りつり線方式**が，制御トルク発生と可動部の支持部を兼ねて用いられるようになった．

（c） 制動装置 駆動装置と制御装置で指針は振れて最終位置で停止する．しかし，それまでには図2-2の曲線aのように振れが時間とともに振動して最終の値 θ_0 を読みとるまでに時間がかかる．この時間

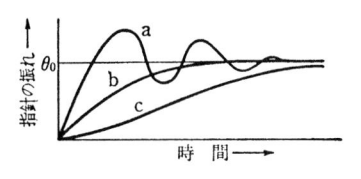

図 2-2 指針の振れ

をなるべく短くするためには，指針を含む可動部の動きに**制動トルク**を与えてすみやかに最終値を得ることが必要である．この制動トルクを与える装置を**制動装置**という．

制動（damping）はその強さによって，図2-2の曲線 b や c のように変化する．aは制動が最も弱いばあいで**不足制動**（under damping）といい，振動しながら最終値におちつく．cは最も制動が強いばあいで，**過制動**（over damping）といい，ゆるやかに動く．bはちょうどその中間で，最もすみやかに最終の値におちつく．この状態を**臨界制動**（critical damping）という．

指示計器としては，静止するまでの時間がなるべく短いこと，すなわち応答のよいことが望ましい．JIS C 1102 では，目盛の長さの 2/3 の振れを与える値を急に加えたとき，指針が指示値の ±1.5％以内におさまる時間が，4秒以下であることを要求している．実際には見やすいようにbよりやや a に近く，約5％の振れすぎにする．

可動部の支持装置　指針を含む可動部の支持装置は，ピボットと軸受によるもの，張りつり線（トートバンド）によるものがある．

（1） ピボットと軸受　図2-3（a）のように鋼製のピボット（pivot）の先端

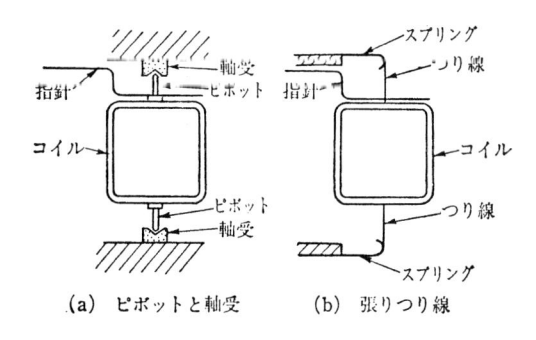

(a) ピボットと軸受　　(b) 張りつり線

図 2-3 可動部の支持装置

部を，硬いルビーなどの軸受（bearing）で受ける方式が古くから用いられている．回転の摩擦が少なくなるように微妙な調整が必要であることと，摩耗や衝撃に弱く，寿命が短いなどの欠点があり，次第に使われなくなっている．

（2）張りつり線　図2-3(b)のように，可動部の両端に高張力に耐える帯状ばねをつけ，別の引張りばねで張力をかけて支持するもので，**張りつり線**（トートバンド；taut band, スパンバンド；span band）方式といわれる．この方式は，ピボットと軸受方式に比べて摩耗や摩擦の心配がなく，また計器を傾けても指示に影響がない．

つり線は支持用として用いるほか，制御ばねとしてねじれの弾性を用いて，制御トルクを発生させ，また可動コイル計器のばあいにはコイルへの電流の通路をも兼ねる．

この方式により，ピボットと軸受を用いる方式に比べて，より高感度で，丈夫で，寿命の長いものが得られるようになった．つり線としては，白金—ニッケル合金やベリリウム銅などのストリップが用いられる．ただ，可動部が重い計器にはむかない．

指針（pointer）　図2-4に示すようなものが使われる．(a)は軽合金パイプの先端をつぶして刃形にしたもので，(d)は交流用計器で共振を防ぎ，丈夫にするための枠組指針といわれるものである．

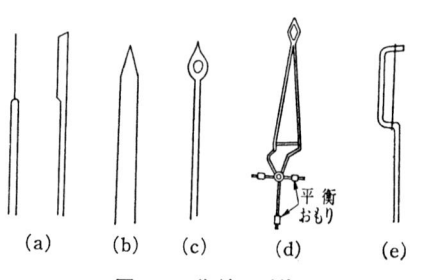

図 2-4　指針の形状

目盛板に鏡をつけて，指針の像が見えなくなる位置で読みとるようにすると，**視差**（parallax）をなくすことができる．指針の代わりに光のマークを目盛板上に投影するようにした**光示式**があるが，視差がなく，かつ動きの拡大にも役立つ．

また目盛板と指針とを同一平面にして視差を防ぐようにしたもの（図 2-5）もある[1]．

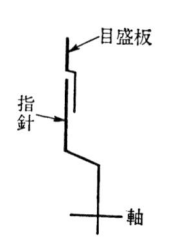

図 2-5　視差のない目盛板構造

---

1)　縁形（ふちがた）計器という．

目盛（scale）　目盛は**等分目盛**（linear scale）が読みやすく，望ましい．目盛をつけるばあいは，そのうちの数点を校正で定め，他の点は内挿してきめる．駆動装置の性質上2乗目盛など 0 付近でいちじるしく縮小した目盛になるばあいがある．絶縁抵抗計，通信用計器，原子炉用計器などの測定範囲の広い計器では，**対数目盛**（logarithmic scale）も用いられる．デシベル目盛はその一種である．

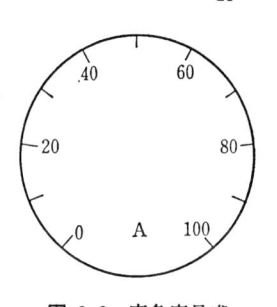

図 2-6　広角度目盛

指針の振れ角は普通 90～100° 程度であるが，図2-6 のように 250° ぐらいのものがあり，狭い場所での読みとりに便利で，広角度目盛といわれる．

目盛板の記載事項　目盛板には，目盛のほか，製造者名など必要な事項を記載するが，表2-1，表2-2 は JIS 規格にきめられた動作原理と姿勢（置き方）を示す記号である．

表 2-2　姿勢（置き方）の記号

種　類	記　号
鉛　直	⊥
水　平	⊓
傾　斜 (60°の例)	∠60°

2-1-3　指示計器の誤差の原因

零点の狂い　計器を長時間にわたって使用するばあい，ばねの弾性疲労などのため零点が移動する．普通は零点調整機構で修正する．

計器の姿勢　計器の置き方は指定されているので，それに従わないと誤差を生ずるおそれがある．

周囲温度の影響　温度の影響を受けるものに，コイルの電気抵抗，ばねの弾性係数，永久磁石の磁束密度などがある．

自己加熱　計器の温度係数のため，安定するまで時間がかかる．特に熱電形のばあい影響が大きい．

外部磁界の影響　磁界の強い場所では，計器によっては影響を受けるものがある．可動鉄片計器や，電流力計計器のように弱い磁界を利用して動作させるものは注意を要する．誤差を防ぐには鉄板などで磁気遮へいをする．

大電流の流れる線とか強い磁石などの近くで影響を受けるが，計器を 180°回転するとか，電流の向きを逆転させて，読みの平均をとって消去することができる．

外部静電界の影響　特に静電形計器で問題になる．静電遮へいをして防ぐ．

測定周波数の影響　交流を測定する計器で，周波数や波形の影響を受けるものがある．動作原理によって避けられないものもあるので，計器の特性を注意して使用する．

計器の負荷効果　測定するために計器をつなぐと，計器は測定対象からエネルギーをとるから，対象物の状態を変化させることになる．計器としては，この**負荷効果**（loading effect）の少ないものが良く，たとえば電圧計のばあいは，計器の内部インピーダンスの高いものほど良いことになる．この負荷効果が影響するときは，適当な方法で測定値を補正する．

過負荷　計器はある程度過負荷に耐えるが，限度を超えると破損するか特性が変化する．特に熱電計器，整流計器は過負荷に弱いので，使用のさい特に注意をしなければならない．

2-2　可動コイル形計器

永久磁石に適当な磁極片および鉄心をつけ，その間にコイルを挿入した形の計器を**可動コイル形**（moving-coil type）計器という．

主要部分の構造は図 2-7 のように，永久磁石のつくる磁界の中に，中心部で与

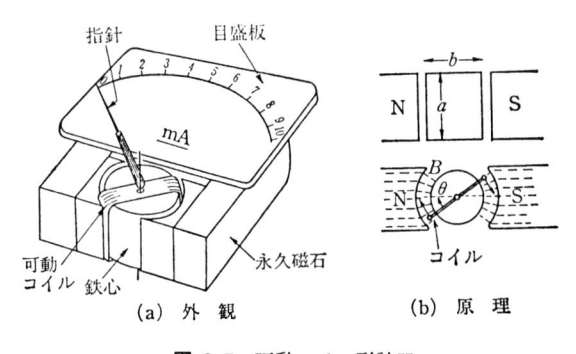

図 2-7　可動コイル形計器

2-2 可動コイル形計器

えられた可動コイルをおき，これに測定電流を流すと，電流と磁界との間で生じる電磁力で駆動トルクを生じ（左手フレミング則），これとばねによる制御トルクが平衡した振れ角で指針が止まる．

いま計器のギャップの磁束密度を B，コイルの1辺の長さ a，幅 b，コイルの巻き数 n，コイルに流れる電流 i のとき，B がギャップ内で一様かつ電流 i と直角方向であれば，このとき生じる駆動トルクはつぎのようになる．

$$Babni = BAni \tag{2-2}$$

ただし，$A=ab$ はコイルの面積である．一方，ばねの制御トルクは回転角 θ に比例するから，これを $\tau\theta$（θ；振れ角，τ；制御定数）とすると，この両トルクが等しくなったところで指針は静止する．すなわち，

$$BAni = \tau\theta \tag{2-3}$$

あるいは，

$$\theta = \frac{G}{\tau}i, \qquad G = BAn \tag{2-4}$$

となり，振れ角 θ は電流 i に比例する．

一般に，可動コイル形計器はコイルの慣性のため，1 Hz 以上の速い動きには即応できないので，これ以上高い周波数には応答しなくなる．そして変化する電流に対しては，つねにその平均値を指示するようになる．式 (2-4) からわかるように，目盛は**等分目盛**になる．

この形の計器の感度は，G に比例し τ に反比例するから，巻き数 n を大きくし，強い磁石を用いて B を大きくし，さらに制御ばねを弱くして τ を小さくすれ

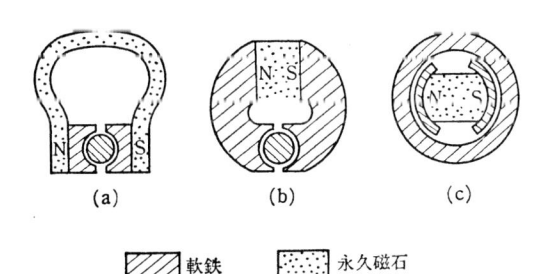

図 2-8 可動コイル形計器の磁気機構

ば感度が高くなる．感度はAにも比例するが，コイルを大きくすると重くなり，おのずから限度がある．

永久磁石には，MK鋼，新KS鋼，アルニコ鋼などの鋳造磁石が用いられる．鋳造磁石の保持力は大きいので，図2-8(b)のように長さを短く，**断面積を大きくした太く短いものが磁石のエネルギーを十分に利用できる点で有利である**．図(c)は磁石をコイルの内側に入れた内部磁石形で，外部磁界の影響が少ない．

2-2-1 電流計

可動コイル形計器は，可動コイルに流れる電流によって指針が振れる電流計 (ammeter, ampere meter) である．定格値は 1mA～50μA 程度のものがよく使われる．測定範囲を拡大するためには，コイルに並列に**分流器** (shunt) を入れる．

図2-9で，コイルの抵抗を R_m，分流器の抵抗を R_s とすると，分流器に流れる電流 I_s と計器に流れる電流 I_m との関係は，

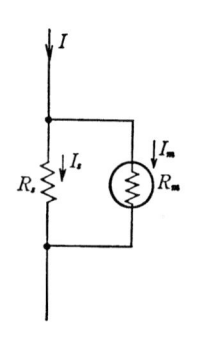

図 2-9 分流器回路
（小電流のばあい）

$$\frac{I_m}{I_s} = \frac{R_s}{R_m} \tag{2-5}$$

$$R_s = \frac{I_m}{I_s} R_m \tag{2-6}$$

であるから，R_s をこの式から求めることができる．

測定電流 I は，

$$I = I_s + I_m \tag{2-7}$$

であるから

$$R_s = \frac{I_m}{I - I_m} R_m \tag{2-8}$$

となる．分流器は，抵抗の温度係数の小さいマンガニン線を用いる．I が 10A 程度以下では，計器のケース内に収納される．しかし I が大電流になると，分流器の容量が大きくなり，放熱を必要とするため分流器は外付形とする．このばあ

いは，分流器の端子間に 50 mV の電圧が発生するよ
うに抵抗値をきめている．したがってこのばあいは，
電流計は使わず図 2-10 のように，50 mV の電圧計
を各種の分流器と組合わせて使用する．数十Aから
10 kA 用くらいまで作られている．

2-2-2 電 圧 計

可動コイル形計器を電圧計（voltmeter）として使
用するときは，図 2-11 のように電流計に直列に抵抗
器を接続する．電流計の内部抵抗 R_m に直列抵抗 R_s
を接続すると，

$$V=(R_s+R_m)I \qquad (2\text{-}9)$$

であるから，V は I に比例するので電流計を電圧 V で
目盛ることができる．たとえば 1 mA の電流計に対
して，$R_s+R_m=1\,\mathrm{k}\Omega$ とすれば，1 V の電圧計とす
ることができる．R_s を電圧計の**倍率器**（multiplier）
という．

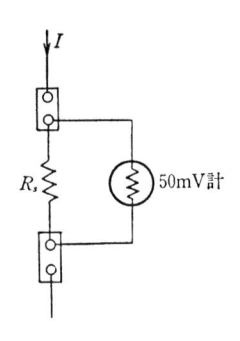

図 2-10 外付分流器
（大電流のばあい）

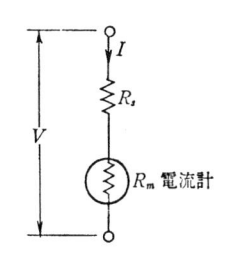

図 2-11 電圧計回路

（a） 負荷効果　　電流計や電圧計を回路に入れて測定すると，必ず負荷効果
（loading effect）を生じる．

電流計のばあい，内部抵抗が 0 であれば何の影響も与えないが，実際には内部
抵抗があるため，接続した回路の電流を変
えてしまうことがある．これが電流計の負
荷効果である．

電圧計のばあい，電圧計の内部抵抗が
無限大であれば測定回路に影響を与えない
ので理想的である．しかし実際には電圧計
は内部抵抗をもつので，測定される電圧が
多少変化する．これが電圧計の負荷効果である．

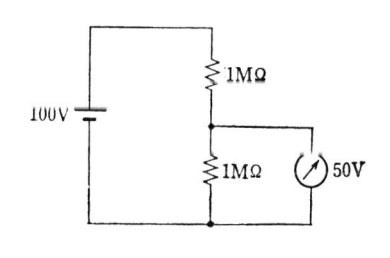

図 2-12 電圧計の負荷効果

図 2-12 は電圧計の負荷効果を表す例で，100 V の電源に 1 MΩ の抵抗を 2

個直列に接続すれば，各抵抗の両端の電圧は 50 V ずつになる．

しかしこれに 50 V の電圧計（内部抵抗 20 kΩ/V）を接続して測ると，電圧計の内部抵抗は 20 kΩ/V×50V=1000 kΩ であるから，電圧計両端の合成抵抗は 500 kΩ となり，回路に流れる電流は，

$$\frac{100}{(1000+500) \times 10^3} = 0.0667 \text{ mA}$$

したがって電圧計両端の電圧は，

$$0.0667 \text{ mA} \times 500 \text{ kΩ} = 33.3 \text{ V}$$

となり，約 −33.4 % の誤差を生じる．

(b) 温度係数による影響の軽減法 図 2-13 は分流器付の電流計の温度補償法の一例である．S は分流器で，温度係数 0 のマンガニンで作られている．R_1 は可動コイルで銅線であるため，温度係数 α（約 +0.4 %K^{-1}）をもつ．R_2, R_4 は温度係数 0 のマンガニン，R_3 は銅線で温度係数 α である．

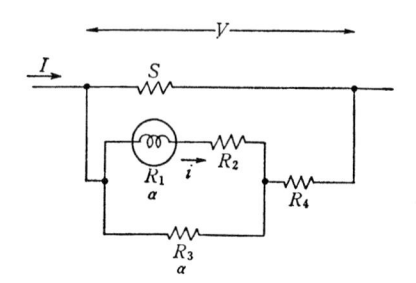

いま $\dfrac{V}{i}$ を計算すると

図 2-13 電流計の温度補償（$V=IS, i \ll I$）

$$\frac{V}{i} = R_1 + R_2 + \frac{R_4(R_1+R_2+R_3)}{R_3} \tag{2-10}$$

であり，いま温度が t [K] 上昇したとし，温度係数 α を入れると，

$$R_1(1+\alpha t) + R_2 + \frac{R_4\{(R_1+R_3)(1+\alpha t)+R_2\}}{R_3(1+\alpha t)}$$

上式で α を含む項のみを示すと[1]，

$$R_1 \alpha t + \frac{R_2 R_4}{R_3(1+\alpha t)} \fallingdotseq \frac{R_2 R_4}{R_3} + \alpha t \left(R_1 - \frac{R_2 R_4}{R_3} \right)$$

となり，t に無関係にするには，

$$R_1 R_3 = R_2 R_4 \tag{2-11}$$

---

1) $\dfrac{1}{1+\alpha t} \fallingdotseq 1-\alpha t$

を満足するように R_1, R_2, R_3, R_4 を選べばよいことになる．

図 2-14 は電圧計のばあいで，コイル R_1 の温度係数を α，直列抵抗を R_S，その温度係数を 0 とすれば，全抵抗は，

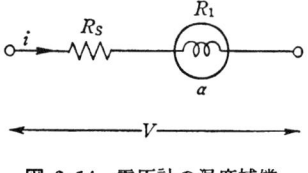

図 2-14 電圧計の温度補償

$$R_S + R_1(1+\alpha t) = (R_1 + R_S)\left(1 + \frac{R_1}{R_1 + R_s}\alpha t\right) \tag{2-12}$$

したがって，$R_1 \ll R_S$ であれば温度係数は無視できる．V が大きければ R_S が大きくなるから条件が満足される．しかしミリボルト計のように V が小さいときは，前述の電流計のばあいと同様にして補償する．

2-3 その他の指示計器

2-3-1 可動鉄片計器

図 2-15 に示すように，コイルの近くに鉄片をおき，コイルに電流を流すとコイルの磁界で磁化された鉄片がコイルに吸引される．この原理を応用したのが**可動鉄片**（moving iron）**計器**である．

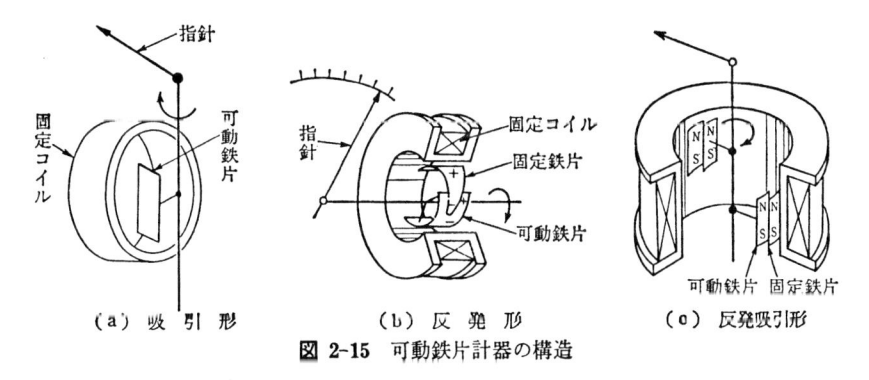

(a) 吸引形　　(b) 反発形　　(c) 反発吸引形
図 2-15 可動鉄片計器の構造

コイルに電流を流したときできる磁界の強さは，電流に比例する．この磁界中に鉄片をおくと，その磁化の強さは，磁界の強さすなわち電流に比例する．この鉄片に働く吸引力は，磁界の強さと磁化の強さの積に比例するから，その大きさは電流の 2 乗に比例する．また，可動鉄片と固定鉄片を設けると，その間に働く反発力の大きさは，コイルの電流の 2 乗に比例する．i^2 はつぎのようになる．

$$i^2 = (I_m \sin \omega t)^2 = \frac{I_m^2}{2}(1 - \cos 2\omega t) \tag{2-13}$$

計器の可動部は，2ω で変化する部分には感じない．また，電流の瞬時値の2乗の平均値は，実効値の2乗であるから[1]，この計器の駆動トルクは電流の実効値の2乗に比例する．

一方，制御トルクはばねで与えられ，回転角に比例するから，目盛は実効値で目盛ると，電流の大きいほうでひろがった2乗目盛になる．

この形の計器は，構造が簡単で丈夫であり，値段も安く，商用周波数の交流用計器として広く用いられる．しかし，周波数が高くなると，鉄片中のうず電流のため磁界が変化して誤差が大きくなる．直流にも使えるがヒステリシス誤差が生じる．また，動作磁界が小さいので，外部磁界の影響が大きい．

2-3-2 電流力計計器

(a) 電流計および電圧計　　固定コイルと可動コイルにそれぞれ電流 i_1, i_2 を流すと，二つのコイルの間に $i_1 \times i_2$ できまる電流力を生じ，可動コイルが回転する原理を応用したものを**電流力計**（electrodynamic）**計器**という．

いま，$i_2 = k i_1$ となるようにすれば，電流力は $k i_1^2$ となり，したがって可動鉄

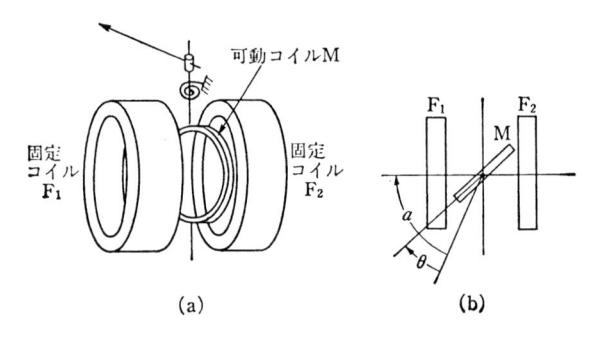

図 2-16　電流力計計器

---

1)　電流 i の2乗の平均値は $\dfrac{1}{T}\displaystyle\int_0^T i^2 \,dt$

電流 i の実効値は $\sqrt{\dfrac{1}{T}\displaystyle\int_0^T i^2 \,dt}$

片計器と同じく，振れは電流の実効値できまる．

図 2-16 のように，固定コイルが F_1 と F_2 に二分され，その中間に生ずる磁界がほぼ一様であれば，可動コイル M に生ずるトルクは，

$$\cos(a-\theta) \tag{2-14}$$

に比例する．$(a-\theta)$ が小さければ，$\cos(a-\theta)$ はほぼ一様であるから，電流計または電圧計は2乗目盛になる．

電流力計計器は鉄心を用いていないので，直流，交流で指示は変わりないから，交流の標準用電流計，電圧計として用いることができる（交直比較用計器ともいえる）．

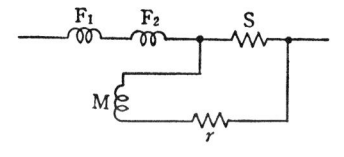

図 2-17 電流計としての接続

電流計のばあい，100 mA 程度までは，F_1, F_2, M に直列に電流を流し，それ以上になると，図 2-17 のように分流器 S の電圧降下を M に加える．

電圧計のばあいは，F_1, F_2, M を直列に接続し，これに直列に抵抗を接続して 100 mA 程度の電流を流す．

周波数が高くなると，コイルのインダクタンスや，うず電流によって周波数誤差を起こす．

（b）電力計 電流力計計器は2組の電流，i_1, i_2 の積に比例する振れを示すから，i_1 の電流を i に，i_2 の電流を電圧 v に比例するようにすると，その振れは vi に比例するから，交流電力を指示する．

図 2-18 のように接続すると，電力計になるが，図（a）は M に流れる電流が F_1, F_2 にも流れる．また図（b）では M に加わる電圧は，負荷の電圧に F_1, F_2 の

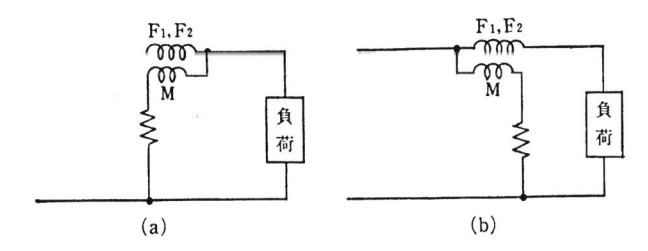

図 2-18 電力計の接続法

電圧降下が余計に加わり，いずれの接続法でも誤差を生じる．したがって誤差の少ない接続法を選ぶ．正確な結果を得たいときは補正をすればよい．

電力計は，直流でも交流でも指示に差がないから，直流で校正して使える．しかし，周波数が高くなると，コイルのインダクタンスによって可動コイルMに流れる電流の位相が電圧と異なって誤差がでる．

電流力計計器は，固定コイルのつくる磁界が弱いので，外部の磁界による影響を受けやすい．そこで鉄板で遮へいする．

2-3-3 整流計器

可動コイル計器は直流専用の計器で交流は測定できない．そこで，整流器（rectifier）と組合わせて交流を測定できるようにしたものが **整流計器** である．整流器としては，亜酸化銅，ゲルマニウムなどが用いられる．整流特性は図 2-19

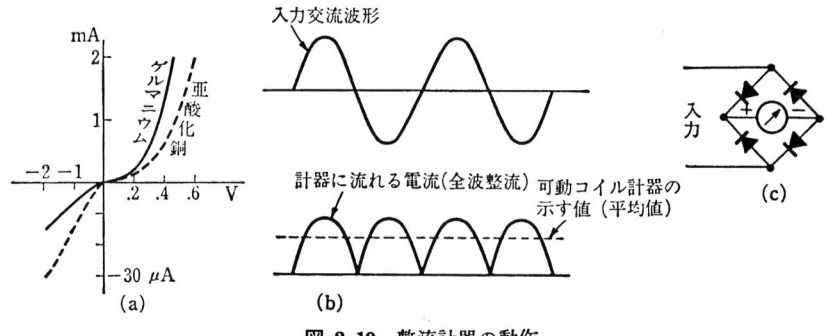

図 2-19 整流計器の動作

(a)のようになり，逆方向にも電流が流れることもあって，小さい電圧になると整流効率は悪化するので，大きい電圧ではほぼ等分目盛になるが，0に近づくにつれてややつまった目盛になる．

逆方向電流が小さく，周波数特性がすぐれているので，ゲルマニウム整流器が広く用いられる．

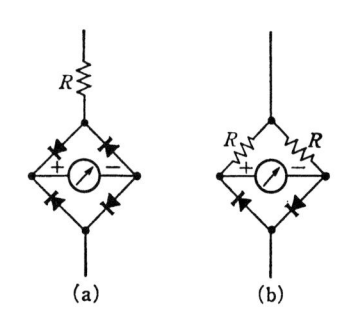

図 2-20 整流器の接続法

可動コイル計器は変化する電流に対して，その平均値で振れがきまるので，整

流器の出力電流の平均値に比例した振れを示す．しかし，交流測定のばあいは実効値が必要であるので，入力が正弦波であると仮定して，正弦波の実効値を目盛ってある．したがって，もし非正弦波であると誤差が生ずる[1]．

温度が上がると，整流器は逆方向電流が増加して，整流効率が悪くなるが，正方向抵抗は減少するので使用回路によって温度特性が変化する．

整流器の接続は，図 2-20（a）のように全波整流回路が普通であるが，電圧が小さくなると，正方向抵抗の温度係数が問題になるので，図（b）のように整流器を抵抗でおきかえた回路がよく用いられる．

整流計器は，可動鉄片計器や電流力計計器に比べ，より高い周波数まで使用できる．ゲルマニウム整流器を用いれば，数 MHz まで用いることができるので，低周波帯域の電圧計として広く用いられている．

2-3-4 熱電計器

熱電対（thermo-couple）を利用して交流電流を測定するようにした計器で，原理的に完全な実効値に比例する振れを示し，かつ高い周波数まで用いることのできる計器である．

図 2-21 に示すように測定電流を熱線に流し，その温度上昇を熱電対と可動コイル計器で測定する．

熱線は短くてインダクタンスが小さく，また表皮効果がないかぎり直流でも交流でも抵抗値が等しいから，直流から高周波まで同じ振れを示す．

交流に対しては，その実効値によって振れがきまるので，波形による誤差は生じない特徴がある．ただし，熱線の温度上昇は電流の 2 乗に比例するので，目盛は 2 乗目盛になる．また過大電流に弱くて切れやすいこと，大電流用のものは熱容量のために，指示の遅れを生じるなどの欠点がある．

図 2-22 は真空熱電対で，真空度を上げて感度を上げている．熱線には白金，

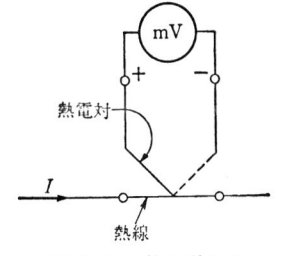

図 2·21　熱電形計器

---
1) 正弦波電流 $A\sin\omega t$ の実効値は $A/\sqrt{2}$，全波整流波形の平均値は $(2/\pi)A$ であり，波形率（＝実効値/平均値）は $\pi/2\sqrt{2}=1.11$ となる．波形がひずむとこの波形率が変化するので誤差の原因になる．

コンスタンタン，ニッケル-クロム合金など，熱電対としては，銅-コンスタンタン，鉄-コンスタンタン，マンガニン-コンスタンタンなどの組合わせが用いられる．熱線の温度上昇は約 200 ℃ 程度である．熱電対の起電力は 10 〜 20 mV であり，ミリボルト計で測る．

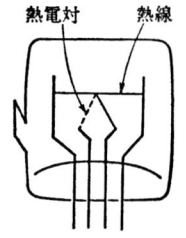

熱電計器は主に高周波用の電流計としてよく用いられるが，直流でも交流でも同じ振れを与えるので，交流計器を校正するための交直比較器として用いることができる．

図 2-22 真空熱電対

2-3-5 静電形計器

2 枚の電極間に電圧を加えると，充電された電極間に静電吸引力が働いてトルクを生ずる．このトルクを利用して機械的に指針を振らせるようにしたのが**静電形**（electro-static type）**計器**であり，図 2-23 に構成の概要を示す．直流のば

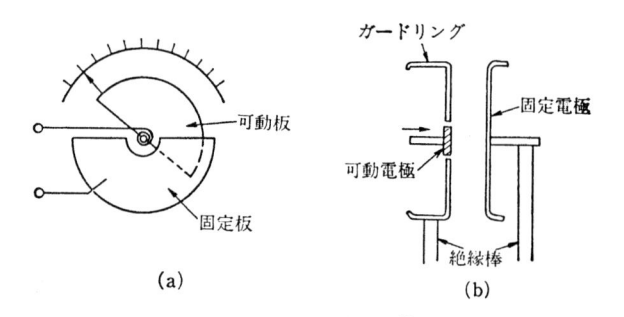

図 2-23 静電形電圧計

あいは最初に充電電流が流れると，それ以後はまったく電流が流れない．交流でも電極間に充電電流が流れるだけで損失はない．この点で電圧計としては理想的なものである．高圧になるとトルクが増すので，普通 100 V 以上の高電圧用に特徴を発揮する．500 kV 程度までのものが作られている．

静電形電圧計の駆動トルクは，交流ならその実効値の 2 乗できまり，直流と交流とでは振れが等しくなるので，直流で校正ができる．目盛は電極の形を適当にすると，ほぼ等分目盛にすることができる．

2-4 検 流 計

2-4-1 直流検流計

検流計(galvanometer)は，微小電流を検出するのに使用される．あらかじめ目盛が電流値で校正されている指示計器とちがって，電流の絶対値の測定よりもむしろ高感度零検出器としての使用に適している．検流計には，光学系の指示装置をもった高感度の**反照形**といわれるものと，指針を有し，小型の箱に納めた**指示形**とがある．

図 2-24 は反照形検流計の構造を示す．可動コイル電流計とまったく同じ原理で動作するが，式 (2-3) の制御定数 τ を小さくするため，制御用ばねを長いつり線で作る．上端でつり線を回転して 0 位を調整することができる．電流感度を上げるためにコイルの巻き数 n を増す．表 2-3 は反照形検流計の性能の実例を示す．

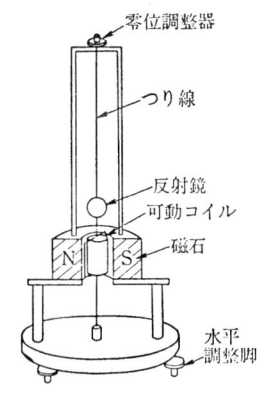

図 2-24 反照形検流計の構造

表 2-3 可動コイル形検流計の例

形 式	コイル抵抗 [Ω]	外部臨界制動抵抗 [Ω]	周 期 [s]	電流感度 [A/div]	電圧感度 [V/div]	備 考
G—3 A	1100	15000	8	2×10^{-10}	3×10^{-6}	懸垂形反照式
G—3 C	57	60	8	2.5×10^{-9}	3×10^{-7}	〃
D—21	380	1000	2.3	5×10^{-8}	6.5×10^{-5}	トートバンド反照式
D—2L(D)	11	16	2.7	4×10^{-7}	1×10^{-5}	
G—2 B	250	650	2.3	6×10^{-7}	5.3×10^{-4}	トートバンド指針式
G—2 E	6	30	2.9	2.8×10^{-6}	1×10^{-4}	〃

検流計を使用するばあい注意しなければならないのは，制動状態である．すでに 2-1-2 (c) で述べたが，図 2-25 の b の臨界制動に近い状態で測定する必要がある．図 2-26 のように，コイルが磁界内で回転すると，コイルに鎖交する磁界が変化するので，コイルに逆起電力が生じ，電流 i_d が流れる．i_d はコイルの運動を妨げる力を生じるが，r_d が小さければ i_d は大きく，制動作用も強く，r_d

が大きいと制動作用は弱くなる．そこで適当な制動を得るための r_d の値を**外部臨界制動抵抗**といい，個々の検流計にその値を指定している．

感度を上げるために制動トルクを弱めると，図2-25の振動周期 T が長くなるので，使いにくくなる．

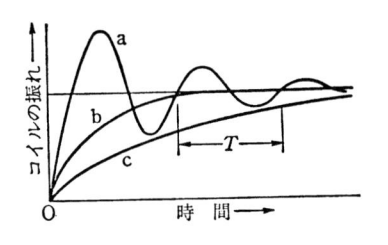

図 2-25 検流計の振動

図2-27は反照形検流計において，振れを光学的に拡大する方法を示す．可動コイルに付した反射鏡 m から目盛 S までの距離を D，m が θ だけ振れたときの S 上の光点の移動距離を d とすれば，

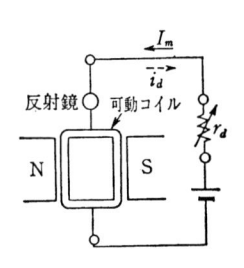

$$\frac{d}{D} = \tan 2\theta \qquad (2\text{-}15)$$

図 2-26 検流計の外部臨界制動抵抗

したがって θ が小さければ

$$\theta \fallingdotseq \frac{d}{2D} \qquad (2\text{-}16)$$

となる．D は普通 1m にする．

検流計の感度を表すには，反照形のばあいは，D が 1m のときの電流値で最小電流感度を表すのが標準である．また $1\mu A$ 流したときの振れ [mm/μA] を μA 感度といい，r_d を接続したときに $1\mu V$ 加えたときの振れ [mm/μV] を μV 感度という．

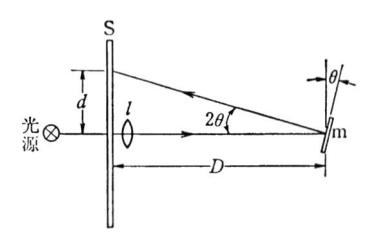

図 2-27 反照形検流計の振れの拡大方法

検流計の感度を下げるには，可動コイル計器のばあいと同様，分流器を用いればよい．

その他の直流の検流計としては，古くから**衝撃検流計**（ballistic galvanometer）が用いられてきた．これは直流検流計の可動部の慣性を大きくし，制御作用を小さくして振動周期を長くしたもので（20秒程度），電荷や磁束の測定に用いられていたが，現在はほとんど用いられていない．

2-5 積算計器

ある時間内の電流，電力などを積算し測定する計器を**積算計器**（integrating meter）という．

たとえば，アンペアを積算すれば電気量（クーロン），ワットを積算すればエネルギー（ジュール）が得られる．積算計器で使われる実用単位としては，クーロン，ジュールの代わりに，**アンペア時**[A·h]，**ワット時**[W·h]などが用いられる．

大部分の積算計器では，その可動部分が円板になっていて，これを積算する量に比例した速度で回転させ，その回転を積算する構造になっている．この積算表示する装置は，**計量装置**といい，指針形と現字形の2種類がある．

積算計器のうち，広く用いられているのは**電力量計**である．電力の取引に使用する電力量計は，計量法により日本電気計器検定所の検定に合格したものでなければならない．検定の有効期間は5～10年である．

積算計器には，直流用と交流用があるが，ここでは広く用いられている交流用積算電力量計について述べる．

2-5-1 交流電力量計

交流誘導形電力量計は，図 2-28 のような構造で，電力 $VI\cos\varphi$ に比例した駆動トルクを発生するようにしている．誘導形計器の一種で移動磁界または回転磁界の中に導体をおくと，この導体にうず電流が流れる．このうず電流と磁界との間に生ずる駆動トルクを利用する計器で，この原理を応用して，

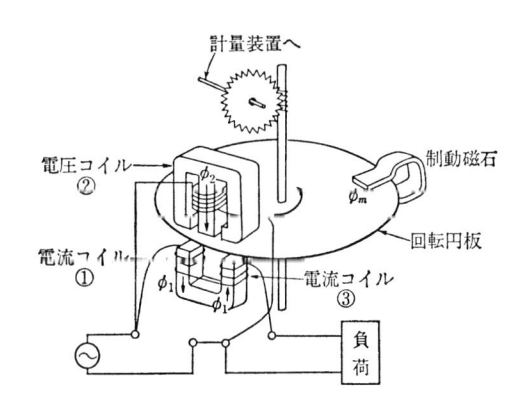

図 2-28 誘導形積算電力量計

導体の回転速度が電力に比例することから回転数を測って電力量を積算するよう

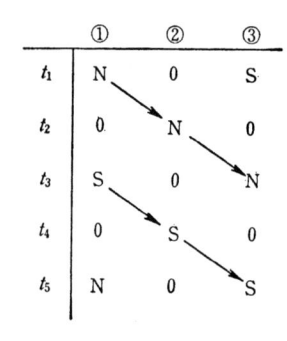

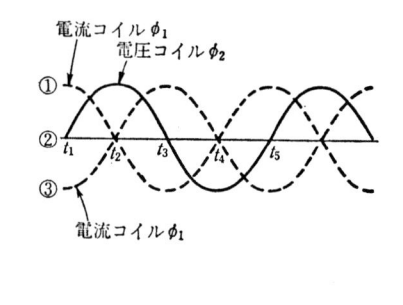

図 2-29 三つのコイルの磁束の関係

にしたものである．

　図 2-28 で円板の上側のコイルは電圧コイルで，負荷電圧に比例した電流を流す．円板の下側のコイルは電流コイルで，負荷電流を流す．

　電圧コイルは，細い線を多数回巻いてあり，誘導性（電流が電圧より約 90° 遅れる）を示し，電流コイルは太い線を小数回巻いてあるので，抵抗性（電流と電圧が同相）を示す．ただし，電流コイルは二つの鉄心に分けて巻き，その巻き方向を逆にしてあるので，二つのコイルの電流，したがって磁束は位相が 180° 異なる．

　したがって，合計三つのコイルによって生ずる磁束は互いに位相が 90° ずれており，その結果，図 2-29 のように磁束 ϕ_1, ϕ_2, ϕ_1 によって移動磁界（$\phi_1 \to \phi_2 \to \phi_1$）を発生している．

　円板上には，図 2-30 のように磁束によるうず電流（I_1, I_2, I_1）が流れるので，これらのうず電流と磁束との間の相互作用でトルクが発生し，円板は回転する．

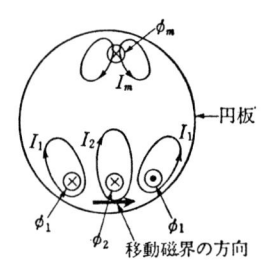

図 2-30 円板上のうず電流

　制動磁石は同様に円板上に渦電流を生じ，制動トルクは円板の回転速度に比例し，これと駆動トルクが平衡した状態で動作するから回転速度は負荷電力に比例する．

　なお，諸特性を改善するために誤差補償装置や調整装置が設けてある．

2-6 計器用変成器

高電圧や大電流を測定するさい，計器に倍率器や分流器を用いると，これらの抵抗で消費される電力が大きくなり，実用的でない．このようなとき，交流の電圧や電流を適当な値に変換するために用いられるのが**計器用変成器**（instrument transformer）で，(1) 測定範囲を変換すること，(2) 回路と計器を電気的に絶縁し，人命の安全をはかることを目的として使用される．

原理は電力用変成器と同様であるが，電力用は変換効率を主に設計するのに対し，変換比の誤差を小さくすることに重点がおかれる．

電圧を変換するのが，**計器用変圧器**（potential transformer；略称 PT），電流を変換するのが，**変流器**（current transformer；略称 CT）という．商用周波数用が大部分で，高周波用のものもある．

2-6-1 計器用変圧器

図 2-31 のように，変圧器の 1 次巻線に交流電圧 V_1 を加えると，2 次巻線を開放したときには，1 次，2 次ともに同一の磁束に結合するので，理想的には電圧比は巻き数比に等しいから，それぞれの巻き数を n_1, n_2 とすると，

$$\frac{V_1}{V_2} = \frac{n_1}{n_2} = k_n \tag{2-17}$$

となる．ここで，k_n を**公称変圧比**という．

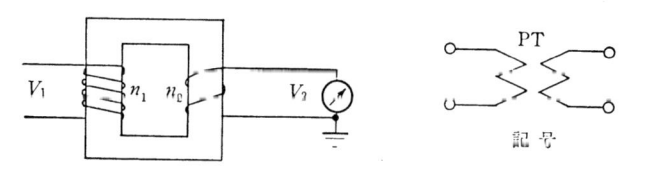

図 2-31 計器用変圧器

しかし，実際には 2 次巻線に計器を接続し 2 次電流が流れると，漏れ磁束のインダクタンスと巻線の抵抗による電圧降下のため V_2 は小さくなる．ゆえに目的の k_n の値を保つために，巻き数比を少し小さくしておく．このように巻き数比

を小さくする程度を**巻きもどし** (back turn) という．

2次電圧は普通，110 V に統一して計器を共通に使用できるようにしている．

2-6-2 変　流　器

図 2-32 のように1次巻線に交流電流 I_1 を流したとき，2次巻線を短絡すれば，鉄心中に磁束が発生しないので，鉄心中で1次巻線のつくる I_1n_1 に比例する磁束をちょうどうち消して0にするように2次電流が流れる．ゆえに，$I_1n_1=I_2n_2$ の関係から，

$$\frac{I_1}{I_2}=\frac{n_2}{n_1}=k_n \tag{2-18}$$

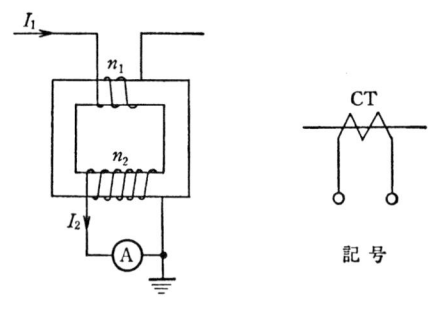

図 2-32　変流器

となり，k_n を**公称変流比**という．

実際には，2次側に電流計が入るから，完全な短絡とはならず，電圧が発生する．すなわち鉄心中に磁束を生じ，1次巻線に励磁電流が余分に流れて I_1 が増加し，k_n が大きくなるので，目的の k_n を得るために n_2 を減らしておく．このばあいも計器用変圧器と同様，**巻きもどし**という．

普通，2次側電流 I_2 は 5 A に統一される．

上述のように，変流器は2次巻線を短絡に近い状態で使用するが，誤って2次側を開放すると，2次巻線に高電圧を発生し，絶縁破壊を起こすので，2次回路の計器をはずすばあいは必ず短絡し，絶対に開放してはならない．

2-6-3　容量電圧変成器

計器用変圧器は高圧になると絶縁物のため大型となる．このばあいにはコンデンサ分圧器を用いた容量電圧変成器 (potential device；略称 PD) が有利である．図 2-33 において，2次電圧計のインピ

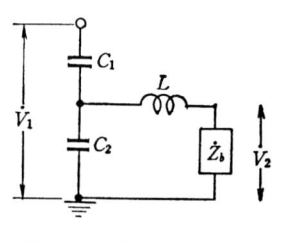

図 2-33　容量電圧変成器

―ダンス $\dot{Z}_b$ の影響を除くために，インダクタンス L を挿入している．

$$\frac{V_2}{V_1}=\frac{j\omega C_2+1/(j\omega L+Z_b)}{1/j\omega C_1+j\omega C_2+1/(j\omega L+Z_b)}\times\frac{Z_b}{j\omega L+Z_b} \quad (2\text{-}19)$$

$$\frac{V_1}{V_2}=\frac{C_1+C_2}{C_1}+\frac{1-\omega^2 L(C_1+C_2)}{j\omega C_1 Z_b} \quad (2\text{-}20)$$

したがって，ここで，

$$\omega^2 L(C_1+C_2)=1 \quad (2\text{-}21)$$

となるようにすれば，

$$\frac{V_1}{V_2}=\frac{C_1+C_2}{C_1} \quad (2\text{-}22)$$

となり，$\dot{Z}_b$ に無関係となる．ただし周波数が条件に入るので周波数特性はあまり良くない．

2-7 記録計器

記録計器（recorder）は，測定値を記録紙に記録する計器であり，動作機構によって**直動式**と**自動平衡式**とに分けられる．

記録図紙は円形図紙と帯状とがあり，円形図紙はたとえば1日の変化を一目で見られ，工業計器などによく使われる．帯形は長時間記録に便利で，紙幅は5，10，12，15，25 cm などが多く，送り速度は 10～120 mm/min（または /h）のものが多い．巻取りはモータ，ぜんまいなどを用いている．

記録方式にはペン式，打点式があり，ペン式に用いるペンは，インク式のほかに，使い捨てインクペンなども用いられる．打点式には，ペンにインクをつけるもののほか，色リボンと打点棒によるものもある．」

2-7-1 直動記録計器

可動コイル形の計器の指針にペンを付けたもので，古くからペン書きオシログラフとして親しまれてきた．図 2-34 に構成の原理を示す．安価であるが精度，ペン速度，内部抵抗などの点で自動平衡形に劣るので次第に使われなくなってきている．応答速度は約 1 Hz 程度である．

紙面との摩擦にうち勝って動かすため大きい駆動トルクが必要で，したがって感度は限界があり，普通 1 mA 以上のものしか作れない．

打点式は，指針を一定時間ごとに押さえて記録するため，0.1 mA 程度の感度まで上げられ，また打点ごとにリボンを移動させて多点式にすることもできる．

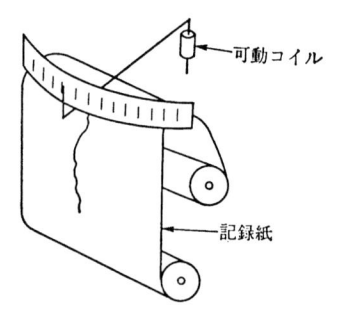

図 2-34 直動式記録計器

2-7-2 自動平衡記録計器

直動式が偏位法による測定法に対し，自動平衡式は零位法に属するので精度が良い．入力電圧を基準電圧と比較し，不平衡電圧を増幅器で検出して，サーボモータで平衡をとり，その位置をペンで記録紙上に記録していく．サーボモータからは十分な力をとれるので，直動式のように摩擦による問題はなくなる．

図 2-35 で，入力 V_i は，一定電流を流してある抵抗上の電圧 V_s と比較してその差を増幅器で増幅すると，たえず $V_i = V_s$ となったところで平衡するので，入力電圧を連続的に記録することができる．増幅器はチョッパ形で，入力はいったん交流に変換してから増幅する．サーボモータは図のように 2 相モータで，固定相は一定電流で励磁され，増幅器の出力側は入力の正負によって固定相に比べて 90°進むか遅れることになり，回転方向も正負によって逆になるので平衡に近づく．ペン速度は最高 160 cm/s 程度のものがある．

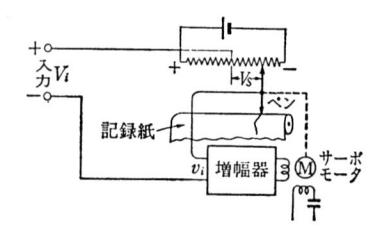

図 2-35 自動平衡記録計

2-7-3 X-Y 記録計

記録紙は時間によって送られるものが多いが，X, Y 軸とも記録機構を内蔵して 2 組の入力の X, Y の関数関係の記録ができるものをいう．これに対して前者のものは $Y-T$ 記録計ということがある．$X-Y$ 記録計はたとえば，トランジスタの特性曲線，磁性材料の $B-H$ 曲線などを記録するのに便利である．このば

あい，記録紙は帯形ではなく，A3またはA4判サイズのものを用い，またペンは3ペンタイプのものもある．もちろん時間軸による駆動も可能である．

さらにデジタル技術の導入により，日付，時刻の印字が可能のものもある．

第2章 問 題

(1) 指示電気計器の3要素について説明せよ．

(2) トートバンド式計器について説明せよ．

(3) 図のような回路がある．抵抗 100 kΩ の両端の電圧を最大指示 250 V，内部抵抗 1000 Ω/V の電圧計で測定したら何 V の指示をするか．またこのときの測定誤差は何 V になるか．

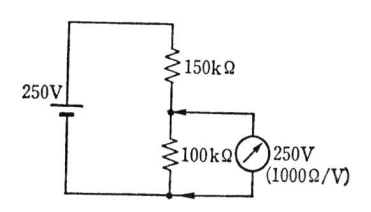

(4) 図のような方形波の電流の最大値は 1A であったという．この電流を熱電形電流計で測定したら何Aを指示するか．またこの電流を可動コイル電流計で測定すると何Aとなるか．

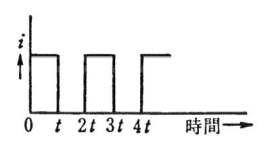

(5) 最大目盛 50 mV の電圧計がある．内部抵抗は 15 Ω である．これを最大目盛 100 A の電流計にしたい，どうすればよいか．

また最大目盛 10 V の電圧計とするにはどうしたらよいか．

第3章 電子計測の基礎

この章では次章で扱う電子計測器を構成するばあいに必要となるアナログおよびデジタル回路技術,および実際によく用いられる回路素子について述べる.

3-1 オペアンプ

測定においては,被測定対象をできるかぎり乱さずに測定することが必要で,そのためには,測定系の入力インピーダンスは可能なかぎり高くすることが必要である.また,その出力インピーダンスは小さいことが望ましい.多くのばあい,被測定物から得られる信号は微小であるため増幅を必要とする.このような目的に対して計測用電子回路でよく用いられる素子として**オペアンプ**(operational amplifier;演算増幅器)がある.

オペアンプは高増幅度をもった直流増幅器であって,負帰還をかけて使うと帰還素子だけに関係する正確な増幅度(利得)をもたせることが可能となる.

オペアンプの動作を解析するばあいに,理想オペアンプの動作を知っておくと大変便利である.理想オペアンプとしての条件を以下に示す.

(1) 電圧利得 A は無限大
(2) 入力抵抗 R_i は無限大
(3) 出力抵抗 R_o は0
(4) 周波数特性が直流から無限大周波数まで平坦
(5) オフセット電流およびオフセット電圧は0
(6) ドリフトは0

（7） 雑音出力は0
（8） 同相除去比は無限大
（9） スルーレートは無限大

オペアンプの回路記号を図3-1に示す．正相入力端子電圧を V_{ip}, 逆相入力端子電圧を V_{in} とすると出力電圧 V_o は,

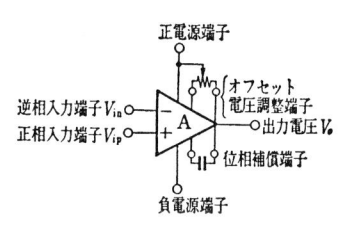

図 3-1 オペアンプの回路記号

$$V_o = A(V_{ip} - V_{in}) \tag{3-1}$$

となる．理想オペンプでは利得 A は無限大であるので，$V_{ip} \neq V_{in}$ では V_o は無限大となってしまうので，$V_{ip} = V_{in}$ と仮定することを**イマジナリショート**という．実際のオペアンプにおいても，A は無限大，入力インピーダンス R_i は無限大，イマジナリショートとして解析しても大差はない．

入力オフセット電圧は理想的なオペアンプでは，$V_{ip} = V_{in}$ のとき出力電圧 $V_o = 0$ となるが，実際のオペアンプで $V_o = 0$ となるときの入力電圧の差（$|V_{ip} - V_{in}|$）を**入力オフセット電圧**という．このオフセット電圧は主として素子の温度変化により時間的に変化するが，これを**ドリフト**という．入力オフセット電流は正相入力端子と逆相入力端子への入力バイアス電流の差をいう．入力オフセット電圧と電流に対する対策としては，補償回路を用いて調整するか，変動の小さい素子を選ぶ必要がある．

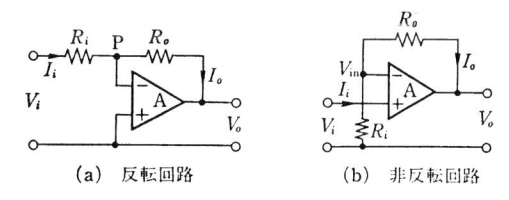

(a) 反転回路 (b) 非反転回路

図 3 2 基本的な帰還回路

実際にはオペアンプは帰還回路を組込んだ形で使用される．図3-2に反転回路と非反転回路を示す．図3-2（a）では入力抵抗は無限大であるので，$I_i = I_o$ であり，P点は仮想接地点（入力端子間はイマジナリショートと考えられるため）であるため，

$$I_i = \frac{V_i}{R_i} \tag{3-2}$$

となる．出力電圧 V_o は次式で求まる．

$$V_o = V_i - I_i(R_i + R_o) \tag{3-3}$$

上式に式 (3-2) を代入すると，反転回路の増幅度 A_f は次式で求まる．

$$A_f = \frac{V_o}{V_i} = -\frac{R_o}{R_i} \tag{3-4}$$

図 3-2 (b) の非反転回路では，オペアンプの入力端子間には電流は流れず，その電位差は 0 であることから，次式の関係が存在する．

$$V_i = V_{in} = -I_o R_i, \quad I_o(R_i + R_o) = -V_o$$

上記 3 式より，増幅度 A_f は次式で求まる．

$$A_f = \frac{V_o}{V_i} = \frac{R_i + R_o}{R_i} \tag{3-5}$$

負帰還をかけた増幅器では以下の特徴がある．
(1) 入力抵抗が A/A_f 倍に増える．
(2) 出力抵抗が A_f/A 倍に減少する．
(3) 増幅度が一様な周波数範囲がひろがる（図 3-3 参照）．

このようにオペアンプの使用条件としては，安定に帰還がかけられることが必要である．周波数の低いところではオペアンプの出力端子から逆相入力端子に帰還をかければ，これは負帰還であるが，周波数の高いところでは位相のずれのために負帰還ではなく，正帰還となって動作が不安定になり発振する．それゆえに，オペアンプで安定な増幅回路を得るためには，必ず**位相補償**が必要である．

実際のオペアンプでは，図 3-4 (a) に示すように入力端子に入力バイアス電流 I_B が流れる．このときの出力電圧 V_o は次式で求まる．

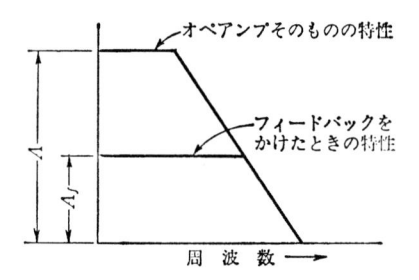

図 3-3 実際のオペアンプの増幅度の周波数特性

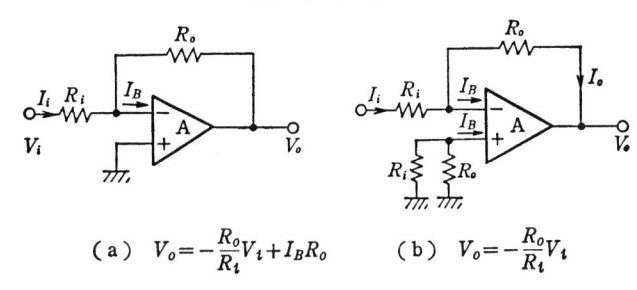

(a) $V_o = -\dfrac{R_o}{R_i}V_i + I_B R_o$ (b) $V_o = -\dfrac{R_o}{R_i}V_i$

図 3-4　バイアス電流の影響と補償

$$V_o = -R_o(I_i - I_B) = -\frac{R_o}{R_i}V_i + I_B R_o \tag{3-6}$$

I_B の影響を避けるためには図 3-4（b）に示すように，正相入力端子を直接接地せずに抵抗 R_i と R_o を並列接地すればよい．このばあいには，オペアンプの正相入力端子電圧 V_{ip} は

$$V_{ip} = -I_B \frac{R_i R_o}{R_i + R_o} \tag{3-7}$$

となり，$V_{ip} = V_{in}$ と仮定すると次式が成立する．

$$I_i = \frac{V_i - V_{ip}}{R_i}, \quad I_o = \frac{V_{ip} - V_o}{R_o} = I_i - I_B$$

上式を解くと，

$$V_o = -\frac{R_o}{R_i}V_i \tag{3-8}$$

となり，I_B の影響をうち消すことができる．

図 3-5 に示すようにオペアンプに立上がり時間の非常に短いパルスを加えると，オペアンプは応答できずに出力波形はある傾斜をもった波形になる．この傾斜を**スルーレート**という．また，位相補償が不足していると，スルーレートは向上するが出力波形にリンギング（減衰振動）を発生する．出力波形が規定の値に落着くまでの時間をセトリング時間という．

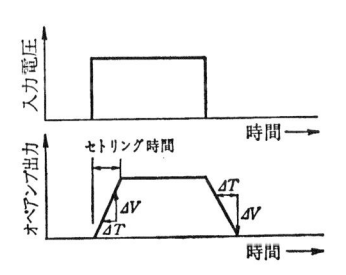

図 3-5　スルーレートとセトリング時間
（スルーレート $= \varDelta V/\varDelta T$）

3-2 減衰器

減衰器（attenuator；アッテネータ）は入力端子に加えられた電圧に既知の減衰量を与えるための回路であって，利得（gain）および損失（loss）の測定に用いられる．一般的によく用いられる**抵抗減衰器**の回路は，図3-6に示すような回路を数段に縦続接続する．減衰量はその段数を切換えることによって調整される．ただし，最下段は抵抗値を連続可変として減衰量を精密に調整できるようにしてある．

オーディオ周波数帯では 600 Ω，マイクロ波帯では 50 Ω と 75 Ω が主に用いられる．

(a) 不平衡T形

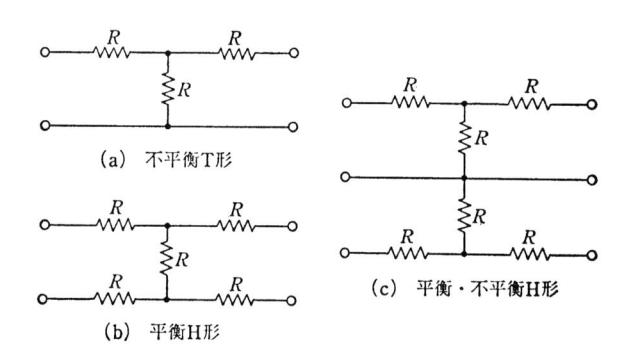

(b) 平衡H形

(c) 平衡・不平衡H形

図 3-6 減衰器

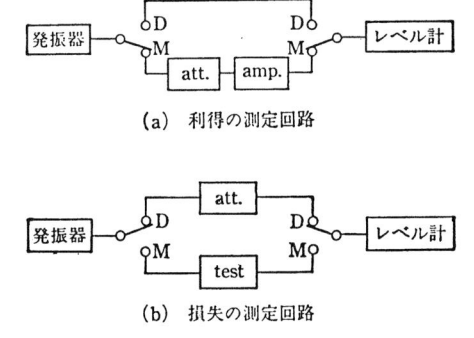

(a) 利得の測定回路

(b) 損失の測定回路

図 3-7 減衰器を用いた利得および損失の測定

増幅度および損失の測定には図 3-7 に示すように，スイッチを D 側と M 側に切換えて，レベル計の指示が等しければ増幅器（amp.）の利得および被試験回路（test）の損失は減衰器（att.）の値から得られる．

3-3 デシベル表示

デシベル（decibel; dB）表示は工学分野で二つの電圧，電流，または電力の比を表すさいによく用いられる．一つのシステムが何段かの増幅器や減衰器で構成されているばあいの全体の値を求めるとき，倍数（増幅度）や損失（減衰量）のばあいは乗算を行わなければ

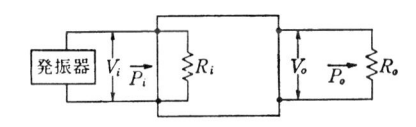

図 3-8 入出力関係

ならないが，**デシベル表示**（Decibel expression）の利点は利得または損失（損失は負の値）が加算のみを行えばよいことである．

図 3-8 に示すような増幅器（または減衰器）において，入力に電圧 V_i が加わっているとき，これが増幅（または減衰）されて出力 V_o が現れているとき，V_o と V_i の比を電圧増幅率（または電圧減衰率）A_V で表すと次式となる．

$$A_V = \frac{V_o}{V_i} \tag{3-9}$$

増幅器の入力抵抗が R_i，出力側に接続された負荷抵抗を R_o とすると，R_o に供給される電力を P_o とし，R_i に供給される電力を P_i とすると，その比である電力増幅率 A_P は次式となる．

$$A_P = \frac{P_o}{P_i} = \frac{V_o{}^2/R_o}{V_i{}^2/R_i} = \left(\frac{V_o}{V_i}\right)^2 \frac{R_i}{R_o} \tag{3-10}$$

ここで，デシベル表示の電力利得 $A_P[\mathrm{dB}]$ を常用対数を用いて次式で定義すると，以下の関係が得られる．

$$A_P[\mathrm{dB}] = 10 \log A_P = 10 \log \frac{P_o}{P_i}$$

$$= 20 \log \frac{V_o}{V_i} + 10 \log \frac{R_i}{R_o} \tag{3-11}$$

つぎに，デシベル表示の電圧利得 $A_V[\mathrm{dB}]$ を次式で定義する．

$$A_V[\mathrm{dB}] = 20 \log A_V = 20 \log \frac{V_o}{V_i} \tag{3-12}$$

式 (3-11) は

$$A_P[\mathrm{dB}] = A_V[\mathrm{dB}] + 10 \log \frac{R_i}{R_o} \tag{3-12}$$

となり，R_i と R_o が等しいときには $A_P[\mathrm{dB}] = A_V[\mathrm{dB}]$ となる．

電力比または電圧比が1以下のときにはデシベル値は負になり，このときは損失を表す．また，電力利得で100倍が20 dB，1000倍が30 dBとなることからわかるように，デシベル表示を用いることにより，値の圧縮ができる．

3-4 共振回路

3-4-1 直列共振回路

コイルとコンデンサの直列回路を交流電源に接続すると，図3-9で表される回路となる．ここで，L と R はコイルのインダクタンスと抵抗，C はコンデンサのキャパシタンスである．この回路のインピーダンス $\dot{Z}$ は次式で表される．

$$\dot{Z} = R + j\left(\omega L - \frac{1}{\omega C}\right) \tag{3-14}$$

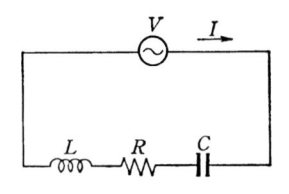

図 3-9 直列共振回路

ここで，角周波数 ω と周波数 f には，$\omega = 2\pi f$ の関係がある．

図 3-9 の回路を流れる電流 I は次式で求まる．

$$I = \frac{V}{R + j(\omega L - 1/\omega C)} = \frac{V}{\sqrt{R^2 + (\omega L - 1/\omega C)^2}} e^{-j\varphi} \tag{3-15}$$

ただし，$\varphi = \tan^{-1} \dfrac{\omega L - 1/\omega C}{R}$

式 (3-15) の右辺における分母のリアクタンス部が0になるときの角周波数が共振角周波数 ω_0 であるため，

$$\omega_0 L - \frac{1}{\omega_0 C} = 0 \quad \text{すなわち,} \quad \omega_0 = \frac{1}{\sqrt{LC}} \tag{3-16}$$

$$\dot{Z} = |Z| = R$$

となる．式 (3-15) の両辺の絶対値をとり，$|V|$ は一定として，$|I|$ と ω の関係を表したものが図 3-10 である．この曲線を共振曲線とよび，この共振曲線の鋭さを表すために，次式で表す共振尖鋭度 Q が定義されている．

$$Q = \frac{\omega_0}{\omega_2 - \omega_1} = \frac{\omega_0 L}{R} = \frac{1}{\omega_0 RC} \tag{3-17}$$

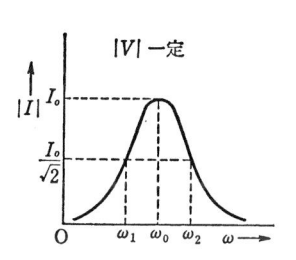

図 3-10 直列共振回路の共振曲線

ただし，ω_1 および ω_2 は電流 $|I|$ の共振時の値 I_0 の $1/\sqrt{2}$ になる二つの角周波数である．

コイルの良さは，インダクタンスの値に対して抵抗値の低いものが良いため，Q の値の大きいものほど良いことになる．

3-4-2 並列共振回路

コイルとコンデンサとを並列に接続したばあいの等価回路を図 3-11 に示す．この回路のアドミッタンス $\dot{Y}$ は次式で求まる．

$$\dot{Y} = j\omega C + \frac{1}{R + j\omega L} = G + jB \tag{3-18}$$

ここで，G はコンダクタンス，B はサセプタンスを示す．

図 3-11 の回路で $|V|$ を一定として，$|I|$ と ω の関係を示したものが図 3-12

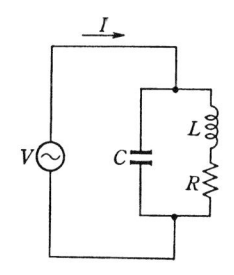

図 3-11 並列共振回路

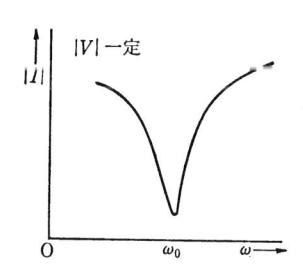

図 3-12 並列共振回路の共振曲線

である．式 (3-18) において，B が 0 になるときが並列共振角周波数 ω_0 であるから，ω_0 は，

$$\omega_0 = \frac{1}{\sqrt{LC}}\sqrt{1-R^2\frac{C}{L}} \tag{3-19}$$

で求まる．$1 \gg R^2 L/C$ が成立するときには並列共振角周波数と直列共振角周波数は一致する．並列共振回路は直列共振回路とは逆に共振周波数の付近でインピーダンスがきわめて高くなるのが特徴である．

3-5 フィルタ

フィルタ (filter；ろ波器) は入出力端子をもつ一つの回路で，入力信号の周波数成分から目的に適した周波数成分のみを取出すことのできる伝達回路である．

フィルタはその特性上，つぎの 4 種類に分類することができる．

(1) ある周波数以下の信号だけを通過させる **低域フィルタ** (low-pass filter; LPF)
(2) ある周波数以上の信号だけを通過させる **高域フィルタ** (high-pass filter: HPF)
(3) ある周波数帯域の信号だけを通過させる **帯域フィルタ** (band-pass filter; BPF)
(4) ある周波数帯域の信号だけを通過させない **帯域阻止フィルタ** (band-elimination filter; BEF)

フィルタは回路素子を組合わせることによって構成されるが，回路素子の種類または動作原理の違いによって，**受動フィルタ** (passive filter)，**能動フィルタ** (active filter；アクティブフィルタ)，あるいは**アナログフィルタ** (analog filter)，**デジタルフィルタ** (digital filter) などの分類法がある．

受動フィルタはインダクタンス L，コンデンサ C，抵抗 R などの素子を組合わせ，入出力間に適当な伝達特性をもたせて必要な信号成分のみを取出し，不要な成分は減衰または反射させてしまう回路である．能動フィルタは電源が必要であって，C および R などの素子を用いて増幅器に選択性の帰還特性をもたせる

ことによって，LCRフィルタと同等の特性を実現したもので，LCRフィルタに比べて伝達特性の急峻な理想的なものが得られる．デジタルフィルタはデジタル回路によって，アナログ形の LCR フィルタと同等な動作を行わせるものである．論理回路の組合わせからなる演算回路で構成されるため，ソフトウエアの変更のみ（回路はいじる必要なし）でいろいろの伝達特性のフィルタを実現できる．

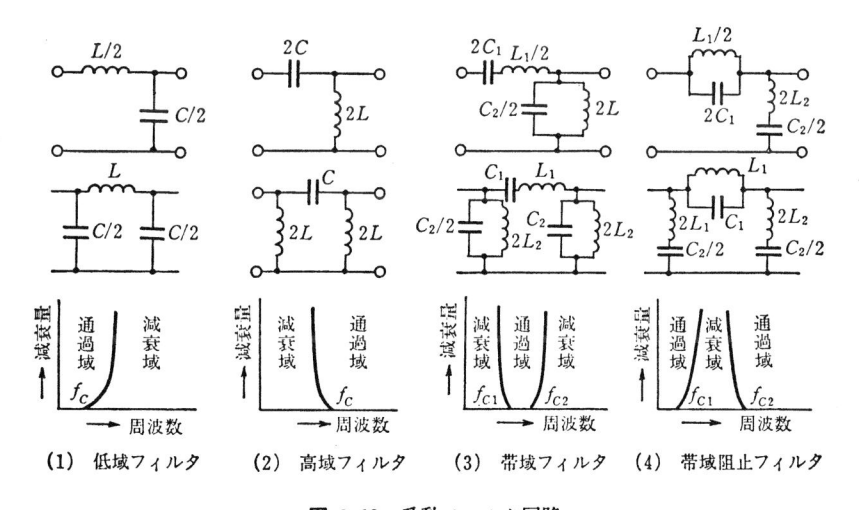

図 3-13 受動フィルタ回路

(1) 低域フィルタ　(2) 高域フィルタ　(3) 帯域フィルタ　(4) 帯域阻止フィルタ

図 3-13 には上記4種類の伝達特性のフィルタを L と C で構成したときの回路例と**遮断周波数**（cut-off frequency）f_c の関係を示す．同図中の各フィルタの f_c と L および C の値との間には以下の関係が存在する．

（1） 低域フィルタ（LPF）

$$f_c = \frac{1}{\pi\sqrt{LC}}$$

（2） 高域フィルタ（HPF）

$$f_c = \frac{1}{4\pi\sqrt{LC}}$$

（3） 帯域フィルタ（BPF）

$$L_1 = \frac{K}{\pi \Delta f}, \qquad C_1 = \frac{\Delta f}{4\pi f_0^2 K}$$

$$L_2 = \frac{K \Delta f}{4\pi f_0^2}, \qquad C_2 = \frac{1}{\pi K \Delta f}$$

（4） 帯域阻止フィルタ (BEF)

$$L_1 = \frac{K \Delta f}{\pi f_0^2}, \qquad C_1 = \frac{1}{4\pi K \Delta f}$$

$$L_2 = \frac{K}{4\pi \Delta f}, \qquad C_2 = \frac{\Delta f}{\pi K f_0^2}$$

ただし，$\Delta f = f_{c2} - f_{c1}$, $f_0 = \sqrt{f_{c1} f_{c2}}$，$K$ はフィルタの公称インピーダンスを示す．

図 3-14 にオペアンプを使用した反転形多重帰還方式のアクティブフィルタの構成回路を示す．この回路でオペアンプの入力アドミッタンス $Y_i = 0$,

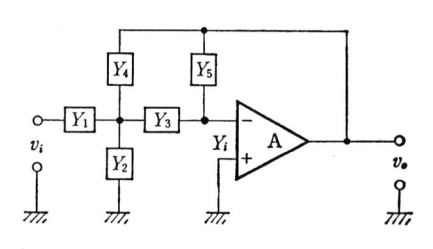

図 3-14 反転形多重帰還方式アクティブフィルタ

増幅度 A を無限大とすれば，入出力電圧の比 (v_o/v_i) は次式で得られる．

$$\frac{v_o}{v_i} = -\frac{Y_1 Y_3}{(Y_1 + Y_2 + Y_3 + Y_4) Y_5 + Y_3 Y_4} \tag{3-20}$$

各種フィルタ回路は，アドミッタンス $Y_1 \sim Y_5$ に表 3-1 に示す回路素子を挿入することによって実現できる．

表 3-1 反転形多重帰還方式アクティブフィルタへの挿入値

フィルタ名	Y_1	Y_2	Y_3	Y_4	Y_5
低域フィルタ	$1/R_1$	$j\omega C_2$	$1/R_3$	$1/R_4$	$j\omega C_5$
高域フィルタ	$j\omega C_1$	$1/R_2$	$j\omega C_3$	$j\omega C_4$	$1/R_5$
帯域フィルタ	$1/R_1$	$1/R_2$	$j\omega C_3$	$j\omega C_4$	$1/R_5$

3-6 発振器

発振回路を組込まれた**発振器**（oscillator または signal generator）は図3-15 に示されるように，被試験物体（電気部品や種々の電子回路）の交流特性を測

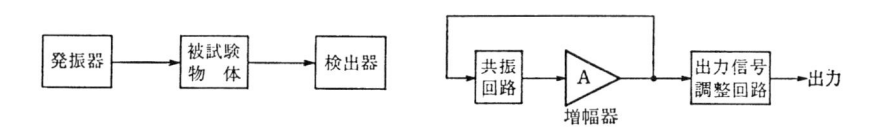

図 3-15 交流特性の測定系　　　**図 3-16** 正帰還形発振器

定するさいに検出器とともに使用される．計測用の発振器としては，動作が安定で大出力が得られるなどの利点がある帰還形が主に使用される．

帰還形発振器は図 3-16 に示すように，増幅器の出力の一部を共振回路を経由して帰還ループによって入力側に戻したときに，このループの位相が同相（正帰還）で利得が1以上あれば発振する．共振回路の共振周波数によって発振周波数は決定される．出力信号調整回路によって出力インピーダンス，出力レベルなどが調整される．

以下では代表的な発振器および計測分野でよく用いられる発振器の構成について具体的に説明する．

3-6-1 正弦波発振器

正弦波発振器（sinusoidal wave generator）としては，図 3-16 における共振回路に LC 素子，または CR 素子を用いるものが主である．LC 素子を用いる回路（LC 発振器）に関しては，周波数を大きく可変するさいにインダクタンス L およびキャパシタンス C の変化範囲を大きくできないこと，特に L に関しては可変構造がやっかいなこと，また，大きな値の L が必要なばあいに Q の高いものが得にくいなどのため，一定周波数で動作する回路，たとえば水晶振動子などを組込んだ回路などで使用されるのみである．現在は発振周波数のレンジ（桁数）の指定を可変抵抗器で，レンジ内の変化を C で行う CR 素子で構成された CR 発振器が一般に用いられるようになっている．CR 発振器の主なものと

しては，ウイーンブリッジ形と移相形があるが，ここでは実用的で解析が容易なウイーンブリッジ形について説明する．

ウィーンブリッジ発振器は，図 3-17 に示すように，ブリッジの 2 辺を Z_1 と Z_2 で，他のブリッジの 2 辺を R_3 と R_4 で構成する．ここで，$\dot{Z}_1 = R_1 + 1/j\omega C_1$, $\dot{Z}_2 = 1/(1/R_2 + j\omega C_2)$ である．帰還係数 β は次式で求まる．

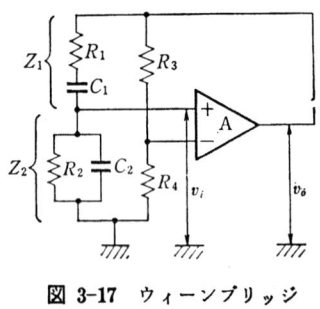

図 3-17 ウィーンブリッジ発振回路

$$\beta = \frac{v_i}{v_o} = \frac{Z_2}{Z_1 + Z_2} = \frac{R_2}{R_1 + R_2(1 + C_2/C_1) + j(\omega R_1 R_2 C_2 - 1/\omega C_1)} \quad (3\text{-}21)$$

発振条件は v_i と v_o が同相，すなわち，式 (3-21) の分母の虚数部が 0 となることが必要であるため，発振周波数 f_0 は，

$$f_0 = \frac{1}{2\pi\sqrt{R_1 R_2 C_1 C_2}} \quad (3\text{-}22)$$

で求まり，$R = R_1 = R_2$, $C = C_1 = C_2$ とおき，そして $f = f_0$ における β を β_0 とおけば，f_0 および β_0 は次式で求まる．

$$f_0 = \frac{1}{2\pi RC}, \text{ および } \beta_0 = \frac{1}{3} \quad (3\text{-}23)$$

発振器として使用するさいには，周波数レンジの切換えには R を変化し，レンジ内での周波数変化には C を変化するのが一般的である．

抵抗 R_3 と R_4 はオペアンプに負帰還をかけて振幅の安定化，そして，ひずみ率の軽減化のために用いる．実際には，R_3 に負の温度係数をもつサーミスタが用いられるか，または，R_4 に正の温度係数をもつランプ球が用いられる．

3-6-2 水晶発振器

CR 発振器の周波数安定度がおよそ 5×10^{-2} 程度であるのに対して，水晶振動子を用いた**水晶発振器** (crystal oscillator) の周波数安定度は 10^{-5} 以上（特に，恒温槽に入れたものは 10^{-7} 以上）である．このような高い周波数安定度は，以

3-6 発振器

下に述べるような水晶振動子の安定度に起因している.

水晶振動子は,板状水晶片の両面に金属電極を取付けた構造である.この水晶振動子に交流電圧を加えると,圧電現象によって振動子は機械的に振動する.水晶体の線膨張係数がきわめて小さいため,その機械的振動の周波数は周囲温度の変化に対して非常に安定である.

水晶片の実効抵抗を R_0, 固有インダクタンスを L_0, 固有容量を C_0 とすると,図 3-18 に示すように,水晶片は R_0, L_0, C_0 の直列共振回路で表される. C_P は電極板ではさまれた水晶片を誘電体とみなしたさいの静電容量である. 水晶振動子は次式で示される共振周波数 f_0 と f_P をもつ.

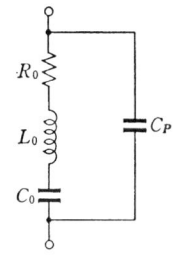

図 3-18 水晶振動子の等価回路

$$f_0 = \frac{1}{2\pi\sqrt{L_0 C_0}} \tag{3-24}$$

$$f_P = \frac{1}{2\pi}\sqrt{\frac{1}{L_0}\left(\frac{1}{C_0}+\frac{1}{C_P}\right)} \tag{3-25}$$

図 3-19 に水晶振動子のリアクタンス特性を示す. f_0 より低い周波数と f_P より高い周波数では容量性リアクタンス, f_0 と f_P の間で誘導性リアクタンスとなる. この誘導性リアクタンスを LC 発振回路（ハートレー形,コルピッツ形など）のインダクタンスとして使用することによって水晶発振器が形成される.

一般に $C_P \gg C_0$ であるので, f_0 と f_P の差はごくわずかである. この f_0 と f_P の間のごく狭い周波数範囲における誘導性リアクタンス特性,すなわち Q の非常に大きな値 ($10^4 \sim 10^6$) で発振するため, 含有高調波成分の少ない（ひずみの少ない）発振特性が得られる.

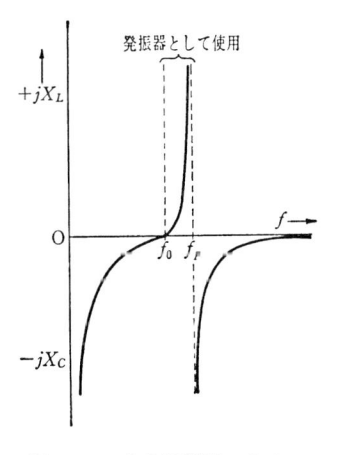

図 3-19 水晶振動子のリアクタンス特性

3-6-3 任意関数発生器（折れ線近似回路）

任意関数をオペアンプとダイオードを用いた折れ線近似によって作る回路について述べる.

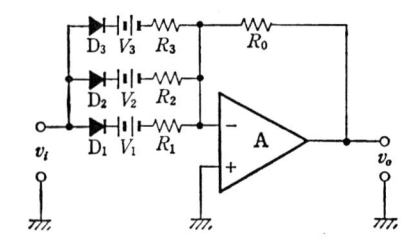

図 3-20 ダイオード折れ線近似回路

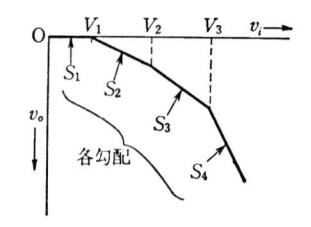

図 3-21 折れ線近似回路の入出力特性

図 3-20 で示すダイオード 3 個を用いて，折れ線近似による回路で作られた曲線を図 3-21 に示す．各ダイオード $(D_1 \sim D_3)$ に直列に接続されている直流電源の大きさを $V_1 \leq V_2 \leq V_3$ とする．入力電圧 v_i が V_1 より小では，D_1 は OFF であるため，出力電圧 v_o は 0 である．つぎに，$v_i \geq V_1$ では D_1 が導通し，v_o は $-R_0(v_i-V_1)/R_1$ となる．つぎに $v_i \geq V_2$ では，D_2 も導通し，

$$v_o = -\frac{R_0}{R_1}(v_i-V_1) - \frac{R_0}{R_2}(v_i-V_2) \qquad (3\text{-}26)$$

が得られる．さらに $v_i \geq V_3$ では D_3 も導通し，

$$v_o = -\frac{R_0}{R_1}(v_i-V_1) - \frac{R_0}{R_2}(v_i-V_2) - \frac{R_0}{R_3}(v_i-V_3) \qquad (3\text{-}27)$$

が求まる．勾配は $S_1=0$, $S_2=-(R_0/R_1)$, $S_3=-(R_0/R_1+R_0/R_2)$, $S_4=-(R_0/R_1+R_0/R_2+R_0/R_3)$ と変化する．ゆえに，V_1, V_2, V_3 および R_1, R_2, R_3 を適当に選べば，任意の関数を発生させることができる．

3-6-4 のこぎり波発生器

のこぎり波（鋸歯状波）は時間変化に対して一定の割合で振幅が増加または減少する波形である．

のこぎり波発生器（saw tooth wave generator）は基本的には 図 3-22（a）

に示す抵抗 R とコンデンサ C を直列に接続した回路によって作られる．スイッチ K_2 を OFF の状態で，K_1 を ON にすると，直流電源 V が接続された C の端子電圧 v_o は図3-22（b）の曲線で示すように上昇する．この曲線の傾斜は R と C の積（時定数）によって変化する．つぎに K_1 を OFF にして，K_2 を ON

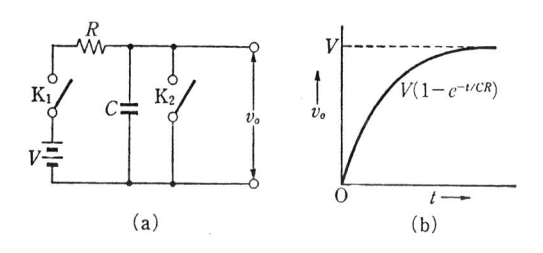

図 3-22 のこぎり波発生用コンデンサ充電回路とその出力特性

にすると v_o は急激に減少し0になる．しかし，のこぎり波は直線的に上昇（または減少）する波形でなければならないので，図 3-22（b）の波形はそのままでは使用できない．この v_o 波形の曲がりは C の充電電圧が直接的に上昇しないために生じる．しかし，上昇しはじめの部分は比較的直線性が良いことに着目し，R と C の積を大きくして曲線をゆるやかに上昇させ，その始めの部分だけを利用すれば直線性は改善され，振幅の不足分は増幅してやれば，最終的に直線性の良いのこぎり波が得られる．実際には，図3-23（a）に示すミラー積分回路が用い

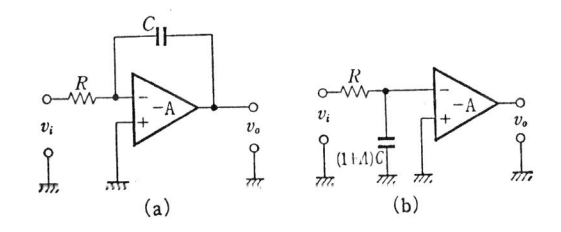

図 3-23 ミラー積分回路とその等価回路

られる．この回路は，高増幅度（$-A$）をもつ反転形増幅器の入出力端子間にコンデンサ C を接続して負帰還回路を構成している．この回路は図 3-23（b）の等価回路で表すように，コンデンサ C の容量が $(1+A)$ 倍され，振幅が $-A$ 倍された直線性の良いのこぎり波を得ることができる．

3-6-5 ファンクションジェネレータ

ファンクションジェネレータ (function generator) は，超低周波数から数十MHz の高周波にわたる広い周波数領域で，いろいろの波形を自由に発生することのできる発生器である．

先に述べたウイーンブリッジなどの CR 形発振器を用いた正弦波の発生では，超低周波で可変するためには，式 (3-22) からわかるように，非常に大きな値の C または R を可変することが必要になり原理的に不利となる．そこで，実際に

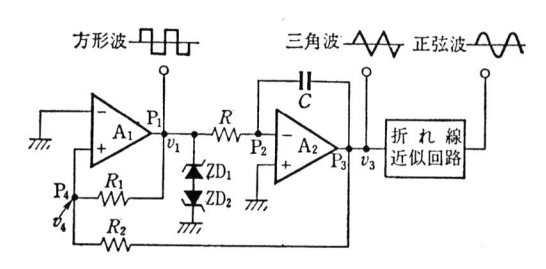

図 3-24 ファンクションジェネレータ用回路

は図 3-24 に示す方形波と三角波を同時に発生する回路が用いられる．正弦波出力は三角波から折れ線近似回路を介して発生する．オペアンプ A_1 の周辺回路がシュミット回路（双安定マルチバイブレータ回路の変形），オペアンプ A_2 の周辺回路が積分回路である．この回路の動作はオペアンプの電源を入れると，A_1 の出力電圧 v_1（点 P_1 の電圧）は，図 3-25 に示すように正または負のいずれかの方形波飽和電圧 $\pm v_{1sat}$ を示す．ここで，ツェナーダイオード (Zener diode) ZD_1 と ZD_2 のツェナー電圧（くわしくはつぎの電源回路で説明）が飽和電圧値 $+v_{1sat}$ と $-v_{1sat}$ を決定する．そこで，v_1 が $+v_{1sat}$ であるばあいについて考えると，この $+v_{1sat}$ は R を経由して，A_2 の反転端子 P_2 に加わる．A_2 は積分回路であるから，その出力電圧 v_3 は負方向に降下する．

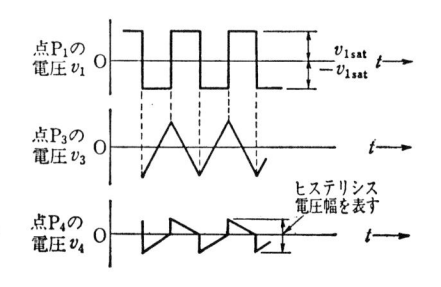

図 3-25 各点の波形

一方，点 P_4 の電圧 v_4（図 3-25 の最下部に示す波形）は点 P_1 と P_3 間の電

圧（v_1 と v_3 の差）を R_1 と R_2 で分圧した電圧となる．このことは，点 P_1 の電圧 v_1 は $+v_{1sat}$ を保持しているため，点 P_3 の電圧 v_3 が次第に降下するにしたがって，v_4 もこれにしたがって降下し，0 レベルを通過した瞬間，オペアンプ A_1 の出力電圧 v_1 は反転し $-v_{1sat}$ となる．この瞬間点 P_3 の電圧 v_3 は最大に降下した状態から，$-v_{1sat}$ が R を経由して積分動作を開始することより，v_3 は次第に上昇する．したがって v_4 も上昇し，0 レベルを通過した瞬間 A_1 の出力電圧が反転し $+v_{1sat}$ となる．以後はこの動作の繰返しとなる．発振周波数 f_0 は，

$$f_0 = \frac{1}{4RC} \frac{R_1}{R_2} \tag{3-28}$$

で与えられる．この式からわかるように f_0 は R と C の積以外に R_1 と R_2 の比を変化しても可変できることがわかる．

3-6-6 掃引発振器

掃引発振器（sweep oscillator または sweep generator あるいは sweeper）は広い周波数帯にわたって連続して発振周波数を変化させる（掃引する）ことのできる発振器である．広帯域の検出器，または発振器と同期した受信特性をもつ検出器（たとえばロックインアンプ）を用いれば，被試験物の周波数特性（周波数―振幅，周波数―位相など）が非常に簡単に測定できる．市販されている機種では，周波数範囲が 0.02 Hz～50 GHz で，出力振幅は 0.4 mV～30 V のものもある．

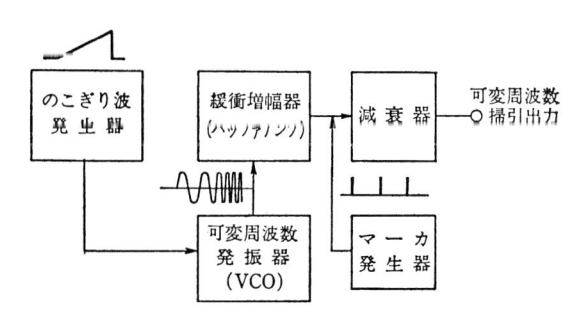

図 3-26 掃引発振器の回路構成

図 3-26 に掃引発振器の構成図を示す．のこぎり波発生器の掃引電圧によって，可変周波数発振器（実際には入力電圧によって発振周波数が決定する電圧制御発振器，voltage controlled oscillator；略称 VCO が用いられる）の周波数を変化し，出力レベルの一定な可変周波数を発生する．**緩衝増幅器**（buffer amplifier）は，増幅が主目的ではなく，電力増幅部以降の変動が，発振周波数および振幅に与える影響を減少させるために用いる．**マーカ発生器**は出力信号の観測および調整を容易にするために挿入するマーカ信号の発生器である．

3-6-7 周波数シンセサイザ

周波数シンセサイザ（frequency synthesizer）は，高安定度の水晶発振器からの発振周波数を基準として，これを逓倍して大きな単位の周波数と分周して小さな単位の周波数をつくり，これらの周波数を合成して，任意の必要な周波数を選択できるようにした信号発生器である．逓倍および分周による誤差の増加はない．したがってシンセサイザの出力周波数は基準の水晶発振回路に等しい確度と安定度をもつ．このような非常にすぐれた周波数分解能（$1\,\mu\text{Hz}\sim1\,\text{kHz}$）のため，10 桁の分解能が得られる機種もある．出力周波数の最小レンジは $1\,\mu\text{Hz}$ から，最大レンジ $10\,\text{GHz}$ まで，周波数安定度は $10^{-7}/\text{日}\sim5\times10^{-10}/\text{日}$ のものが市販されている．

周波数シンセサイザの構成は周波数合成の違いによって，直接合成方式，間接合成方式，およびディジタル直接合成方式などがある．ディジタル直接合成方式に関しては，周波数切換時間が短く，位相変換が容易で小型にできるなどの特徴があるが，ここでは説明を省略する．

（a）直接合成方式 図 3-27 に示すように，水晶発振器の基準周波数 f_r を逓倍した信号（$f_r \cdot n/m$，そして $f_r \cdot N/M$）がミクサで合成され，フィルタを経由して $1/10$ に分周された後，さらに，$f_r \cdot N/M$ 信号がミクサで合成される．以後は，この動作の繰返しとなる．ここで，$f_r \cdot N/M$ としては 10 接点を持つスイッチ K_1, K_2, K_3 によって $f_r \cdot N_1/M$ から $f_r \cdot N_{10}/M$ までの信号のいずれかを選ぶことができ，スイッチ 1 個によって 1 桁の数値を選択できる．

図 3-28（a）に示すように，周波数 f_1 と f_2 の 2 信号をミクサに入力すると，

3-6 発振器

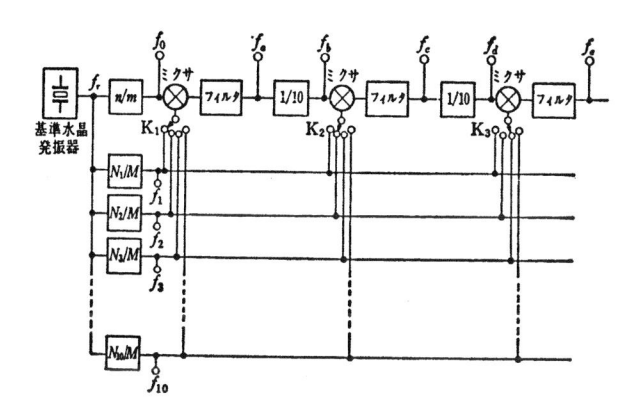

図 3-27 直接合成方式の回路構成

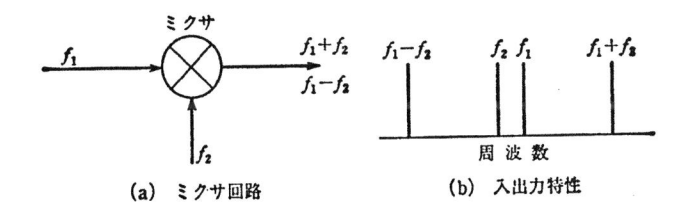

図 3-28 ミクサによる周波数変換

(a) ミクサ回路　　(b) 入出力特性

出力として (f_1+f_2) と (f_1-f_2) の周波数が得られる．これらの周波数の関係は図 3-28（b）に示す．(f_1+f_2) か，または，(f_1-f_2) の信号を取出すかは，バンドパスフィルタの中心周波数によって決定される．

図 3-27 の回路で $f_r=10$ MHz, $n/m=9/20$, $N_1/M=405/100$, $N_2/M=406/100$, $N_3/M=407/100$, …, $N_{10}/M=414/100$ とおくと，表 3-2 に示すように，$K_1 \sim K_3$ の接点の選択によって $f_a, f_b, \cdots, f_e$ の周波数が得られる．周波数 f_a, f_c, f_e の頭の部分の 45 MHz は，$f_r=10$ MHz を逓倍分周してミクサで合成することによって必要な周波数に変換できる．

直接合成方式は周波数切換時間が短く，単一周波数に近い信号が得られるが，一方では，高価でスプリアス（不要高調波成分）の抑圧がむずかしいなどの欠点がある．

表 3-2 図3-27で示す回路の周波数変化

f_0[MHz]	$f_1\sim f_{10}$[MHz]	f_a[MHz]]	f_b[MHz]	f_c[MHz]	f_d[MHz]	f_e[MHz]
4.5	$f_1=40.5$	45.0	4.50	45.00	4.500	45.000
	$f_2=40.6$	45.1	4.51	45.01	4.501	45.001
	$f_3=40.7$	45.2	4.52	⋮	⋮	⋮
	⋮	⋮	⋮			
	$f_{10}=41.4$	45.9	4.59	45.99	4.599	45.999
ステップ幅		100 kHz		10 kHz		1 kHz

(b) 間接合成方式 この方式の中心となる回路は，図 3-29 で示す PLL (phase lock loop；位相同期ループ) である．PD (phase detector；位相検波器) は基準信号 f_r に比べて他方の信号の位相が進んでいる程度，または，遅れている程度に応じて LPF (ローパスフィルタ) 通過後の直流電圧の正または負の値を取出す回路である．VCO は直流増幅器からの制御電圧が 0 であれば自走周波数 f_0 で発振しているが，いったん PLL 動作を開始すると，位相検波器の二つの入力信号 (f_r と f_0/N) を一致させるように動作するので，$f_0=Nf_r$ が成立し，このときの VCO の出力周波数は Nf_r として求まる．

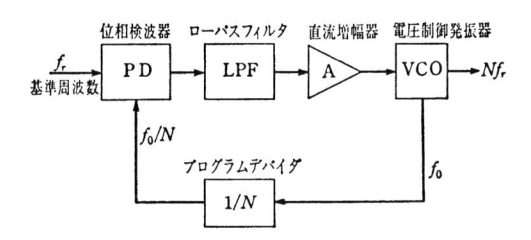

図 3-29 プログラムデバイダを用いた PLL のブロック図

図 3-30 に示す回路では，水晶発振器の出力である基準周波数 f_r は分周器で $1/10^4$ 倍され，上段の PLL 回路の出力周波数として $Nf_r/10^4$ が得られる．一方，下段の PLL 回路の出力周波数として Mf_r が得られる．最終段のミクサを含む PLL 回路はロック状態での f_0 を f_L とおくと，

$$Nf_r/10^4 = f_L - Mf_r \tag{3-29}$$

3-7 電源回路

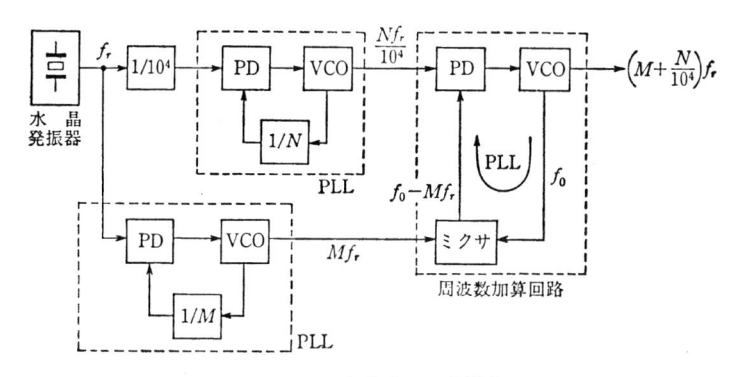

図 3-30 間接合成方式の回路構成
（ただし，PD と VCO 間の LPF と直流増幅器
また，ミクサと PD 間の帯域フィルタは省略）

が成立するため，VCO の出力周波数 f_L は $(M+N/10^4)f_r$ として求まる．
ここで，M と N を次式

$$\left.\begin{array}{l}M=M_1\times 10^3+M_2\times 10^2+M_3\times 10+M_4\\N=N_1\times 10^3+N_2\times 10^2+N_3\times 10+N_4\end{array}\right\} \quad (3\text{-}30)$$

で示すようにきめれば，$M_1 \sim M_4$ の値によって上位 4 桁が設定され，$N_1 \sim N_4$ の値によって下位 4 桁が設定される．したがって，これより 8 桁の周波数シンセサイザが構成できたことになる．

この方式は，回路構成が簡単でスプリアス発生がなく，小型にできるため現在市販のものはこの方式が多い．しかし，周波数の切換時間が長く，FM 雑音が出やすいなどの欠点もある．

3-7 電源回路

電源回路（power supply）は電池で駆動するものは別として，一般に交流電源を整流して直流出力を得る回路である．電源周波数の正弦波を整流するための整流回路，整流出力中の交流分を除去して平滑な出力を得るための低域フィルタ（LPF）からなり，さらに，出力電圧を安定化するものでは，出力を基準電圧と比較して一定な出力を得るための電圧安定化回路，出力調整回路よりなる．特に，この電圧安定化回路をもつ電源を**直流安定化電源**とよぶ．検波回路（フィル

(a) 半波整流回路　　　　(b) 全波整流回路

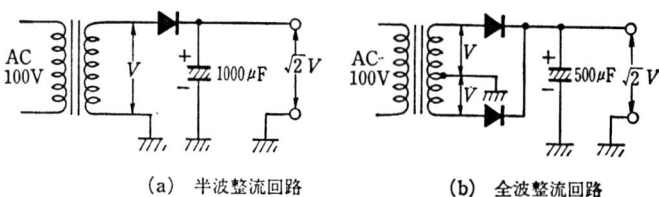

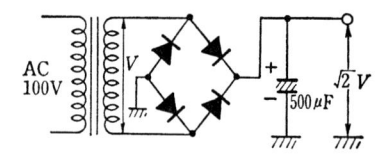

(c) ブリッジ整流回路（全波整流）

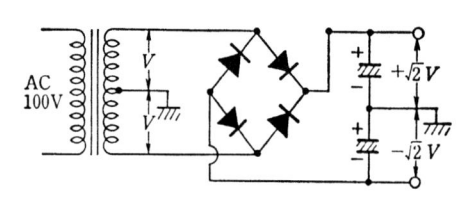

(d) ブリッジ整流回路（2電源）

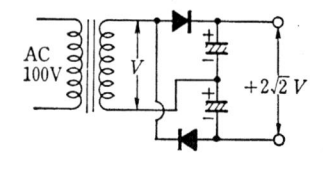

(e) 倍電圧整流回路

図 3-31　電源整流回路

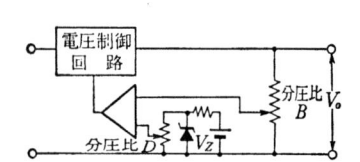

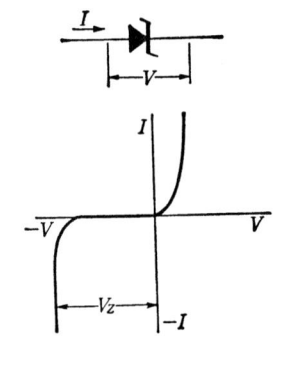

図 3-32　電圧安定化回路　　　図 3-33　ツェナーダイオードの特性
　　　　　　　　　　　　　　　　　　　（電流 I の方向は正方向を示す）

タ回路を含んだ整流回路）の代表的なものを図 3-31 に示す．電圧安定化回路（出力調整回路を含む）を図 3-32 に示す．基準電圧は定電圧ダイオード（ツェナーダイオード）で発生する．これは図 3-33 に示すツェナーダイオードに適当な逆方向電流を流すと，降伏電圧 V_Z が一定になることを利用する．図 3-32 で B および D は，それぞれ分圧器の分圧比の設定値を示す．増幅器は DV_Z と BV_o との差を増幅し，この差が 0 になるように制御するため，出力電圧 V_o は次式で求まる．$DV_Z = BV_o$ より，

$$V_o = \frac{D}{B} V_Z \tag{3-31}$$

出力電圧 V_o は基準電圧 V_Z の精度できまる．

3-8 デジタル測定

被測定信号にはアナログ量とデジタル量がある．これらの量の計測には，図 3-34 に示すように，アナログ測定法とデジタル測定法があり，また，最終的な表示法としても，アナログ表示とデジタル表示がある．アナログ表示は人間の感覚に適合し理解が容易であるのに対して，

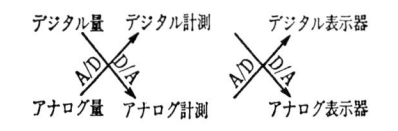

図 3-34 計測量と表示

デジタル表示は小さな分解能までの表示，非常に広範囲の表示が可能となる．アナログ量はアナログ測定を行い，アナログ表示するものが最も簡単であるが，必要に応じてデジタル測定を行い，デジタル表示することもよく行われる．デジタル量はデジタル計算機とのデータのやりとりの便利さ，測定データの伝送や記録に雑音やひずみの影響を受けないなどの利点がある．アナログ量からデジタル量への変換には A/D 変換器，または，逆のばあいには D/A 変換器が用いられる．

3-8-1 A/D および D/A 変換器

A/D および D/A 変換器としては各種の変換方式があり，変換速度および精度が異なるので，使用目的に合ったものを選ぶ必要がある．

ここでは，原理が比較的簡単なものをとりあげて説明する．**電圧加算方式**のD/A変換器の原理図を図 3-35 に示す．まず，スイッチ K_1 だけが ON（基準電圧 V_r に接続される）になったばあい，A点から左右を見たばあいの合成抵抗はおのおの $2R$ となる．したがって，左右両側の合成抵抗のさらに合成したものは R となり，A点の電圧 V_a は次式で表される．

$$V_a = \frac{1}{3} V_r \tag{3-32}$$

このとき，B点の電圧 V_b と出力電圧 V_o との間には以下の関係が存在する．

$$V_o = \frac{1}{2} V_b = \frac{1}{4} V_a = \frac{1}{12} V_r \tag{3-33}$$

上記の一般的なばあいである i 番目のスイッチ K_i だけが V_r に接続されたばあいの V_o は，

$$V_o = \frac{1}{3} \times 2^{i-3} V_r \tag{3-34}$$

最終的に任意のスイッチ K_i が V_r に接続されたばあいには，重ね合わせの原理が適用できるので次式が求まる．

$$V_o = \frac{1}{3} V_r \sum_{i=0}^{3} 2^{i-3} D_i \tag{3-35}$$

ここで，D_i はスイッチ K_i の ON または OFF によって1または0をとり，これをビットという．すなわち，ON 状態である V_r に接続されたばあいが1である．

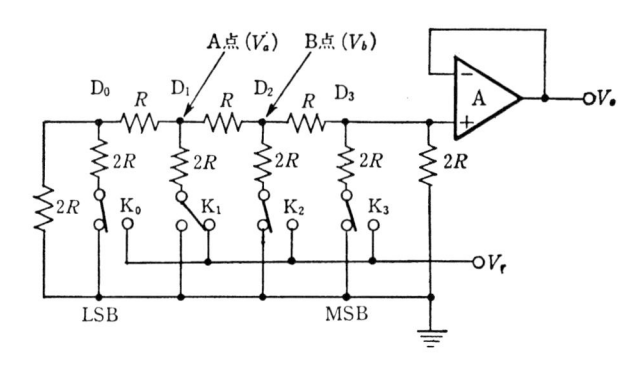

図 3-35 電圧加算方式 D/A 変換器

図 3-35 に示す回路で右にいくほど,スイッチの ON または OFF による影響が大きく重要であるので,最右端のビットを MSB (most significant bit),反対に最左端のビットを LSB (least significant bit) とよぶ.通常 LSB の値が分解能(区別できる電圧の大きさ)を決定する.D/A 変換器の出力は階段状となるため,低域フィルタを通して連続したアナログ波形にする必要がある.

図 3-36 に**逐次比較方式**の A/D 変換器のブロック図を示す.この方式は基準電圧を発生する D/A 変換器が大きな役目をもつ.原理としては,ディストリビュータ(順次切換器)からの指示でスイッチング回路で作られたデジタル信号を D/A 変換してアナログ値になおし,このアナログ出力と測定入力電圧 V_i をコンパレータ(比較器)で比較する.その結果,基準電圧であるアナログ出力が大きければ,より小さいデジタル電圧を発生するようにスイッチング回路を駆動する.順次このようにコンパレータを動作させ,測定アナログ電圧 V_i と D/A 変換器の出力が等しくなったところで,コンパレータの出力は0となり,スイッチング回路の動作は停止する.このときのデジタル値を表示器に出力する.

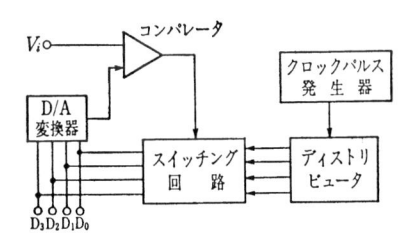

図 3-36 逐次比較方式 A/D 変換器

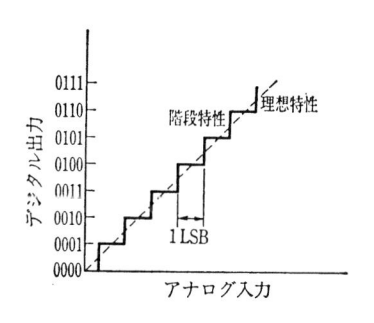

図 3-37 A/D 変換特性

A/D 変換器の出力は D/A 変換器を使用していることからわかるように,図 3-37 の直線で示すような理想特性からずれた階段特性となる.この段階の幅が 1 LSB であって,理想特性に対してこの階段特性は ±1/2 LSB の誤差をもつことは避けられない.この誤差を**量子化誤差**という.

連続した交流信号を A/D 変換するばあい,A/D 変換動作中に入力信号が変化すると,正確な値が求まらなくなるため,A/D 変換器の検出動作が終了するまで入力信号を一定時間保持することが必要である.この一定時間を**アパーチャ**

時間という.交流信号を A/D 変換するためには,ある周期ごとに入力信号を抽出し,アパーチャ時間の間保持することが必要になる.この信号を抽出することを**サンプリング**という.サンプリング定理より,入力信号を忠実に再生するためには,サンプリング周波数は交流信号成分中の最高周波数の2倍以上に選ぶ必要がある.また,入力信号をサンプリングして一定時間保持するための回路を**サンプルホールド回路**という.

3-8-2 A/D 変換器を用いた電圧測定

ここでは,デジタルマルチメータなどの計測回路で数多く使用される**デュアルスロープ方式**の A/D 変換器について述べる.この方式の変換速度は遅いが,精密部品が不要で高精度の変換が可能という特徴をもつ.

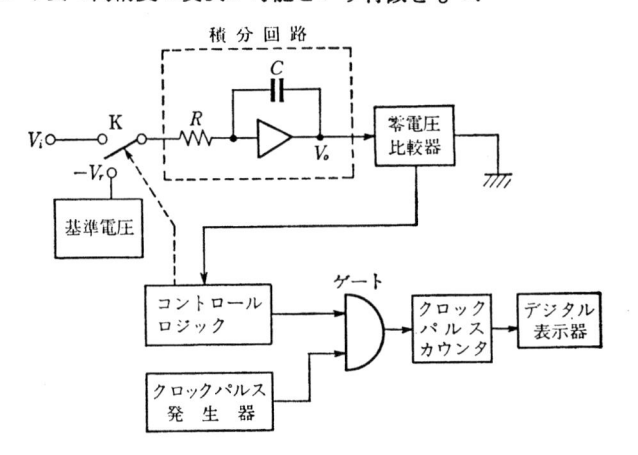

図 3-38 デュアルスロープ形電圧計

デュアルスロープ形は入力電圧に比例した電流で,一定時間積分コンデンサを充電し,その充電電圧を一定の電流で放電させて,放電が終了するまでの時間を測定する方式である.図 3-38 に示すブロック図で,スイッチ K を入力側に倒しておき,OP アンプを用いた積分器に入力電圧 V_i を接続し,カウンタであらかじめセッ

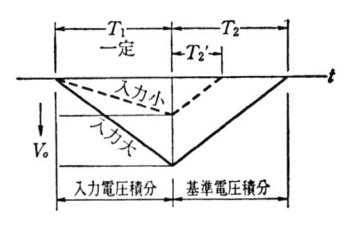

図 3-39 デュアルスロープ波形

トしたクロックパルス数に相当する時間 T_1 だけ正確に積分する．図 3-39 の波形からわかるように，このときの積分器の出力 V_o は，

$$V_o = -\frac{1}{RC}\int_0^{T_1} V_i \, dt = -\frac{V_i T_1}{RC} \tag{3-36}$$

で求まる．この T_1 点でコントロールロジックからの信号で，スイッチ K を基準電圧 $(-V_r)$ 側に倒す．基準電圧を積分しはじめると V_o は次式にしたがって上昇を始める．

$$V_o = -\frac{V_i T_1}{RC} - \frac{1}{RC}\int_0^{T_2}(-V_r) \, dt = \frac{1}{RC}(-V_i T_1 + V_r T_2) \tag{3-37}$$

上式が 0 V に達したとき零電圧比較器がこれを検出してクロックパルスカウンタを止める．以上の操作より入力電圧 V_i は，

$$V_i = -\frac{T_2}{T_1} V_r \tag{3-38}$$

として求まる．T_1 および T_2 は高精度で測定できるので，V_i は V_r の精度でほぼきまる．また，この方式は積分時間中の雑音成分は平均化されるので，図 3-40 に示すように，入力積分期間を商用周波数の周期の整数倍に選べば，商用周波数の雑音成分には影響されないこと，精度は基準電圧のみできまり積分回路中の抵抗 R および容量 C には影響を受けない特徴もある．

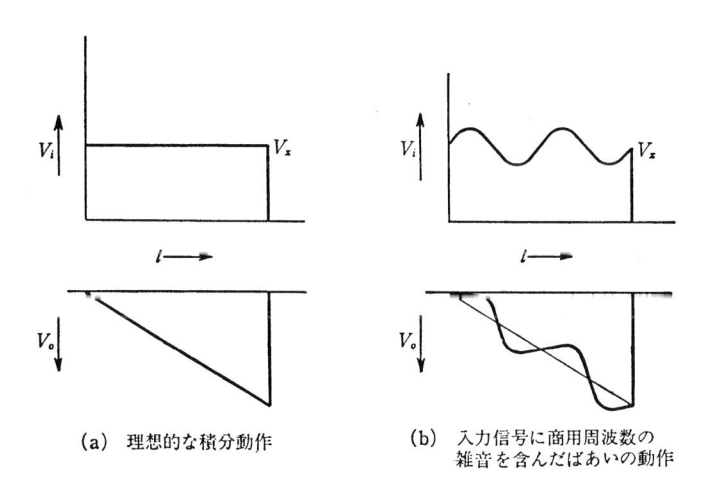

(a) 理想的な積分動作　　(b) 入力信号に商用周波数の雑音を含んだばあいの動作

図 3-40 積分動作

3-8-3 デジタル表示

デジタル回路中での信号は，信号のありとなし，すなわち，1，0 として表されるため，2進数として扱うのは容易である．2進数で表された数字の1桁を**1ビット**（bit）とよぶ．

我われが日常よく使う10進数の数やアルファベットの文字を1と0の組合わせで符号化して使用する．数字，文字および記号を符号化したものを**コード**とい

表 3-3 10 進数，2 進数と BCD コードとの間の関係

10 進 数	2 進 数	BCD コード
0	000000	0000 0000
1	000001	0000 0001
2	000010	0000 0010
3	000011	0000 0011
4	000100	0000 0100
5	000101	0000 0101
6	000110	0000 0110
7	000111	0000 0111
8	001000	0000 1000
9	001001	0000 1001
10	001010	0001 0000
11	001011	0001 0001
〜	〜	〜
35	100011	0011 0101
〜	〜	〜
47	101111	0100 0111

う．ここでは，実際によく使用されている BCD コード（2進化10進コード）について説明する．BCD コードは表 3-3 に示すように，4ビットで10進数の0から9までを表すもので，このコードによれば，10進数の数値が一目でわかる．たとえば，10進数の47を2進数で示すと101111 となり，これからは10進数の47 はすぐにはわからない．BCD コードでは，0100 0111 となり，これは下位桁から4ビットずつ区切ると10進数の47 が直ちにわかる．

コード変換装置は**エンコーダ**と**デコーダ**とよばれる．エンコーダは記号，文字，数値などをコード化してデジタル計器に理解可能な符号として入力させる装置である．たとえば，10進数を BCD 数に変換するものなどである．デコーダ

はデジタル機器のパネルメータなどに使用されているもので，エンコーダの逆でBCDコードで表された符号などを10進数，文字，記号などに変換するものである．

つぎに，BCDコードで求められた結果を10進数表示の－（マイナス）および・（小数点）などの特殊記号に換えるばあいについて考えてみよう．図3-41に示すように，10進数表示用の7セグメントと小数点表示

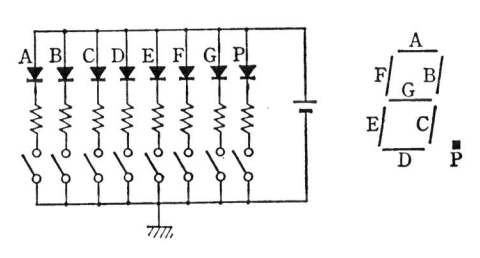

図 3-41 発光ダイオード駆動回路および表示部

用のセグメントをもった発光ダイオード表示器（A～P）を用いる．A，B，C，D，E，F，G，P中の必要なセグメントを1とすると（通電すると）その部分が発光する．表3-4には10進数および特殊文字と表示セグメントとの対応を示した．

表 3-4 数字および特殊文字と表示セグメントとの対応

10進数および特殊文字	表示セグメント A B C D E F G P	発光部
0	1 1 1 1 1 1 0 0	◻
1	0 1 1 0 0 0 0 0	∣
2	1 1 0 1 1 0 1 0	⊐
3	1 1 1 1 0 0 1 0	⊐
－（マイナス）	0 0 0 0 0 0 1 0	－
．小数点	0 0 0 0 0 0 0 1	．

第4章　電子計測器

　この章では，前章で扱われた電子回路技術に基づいて作られた計測器の構成および動作について説明する．

　ここでは基本的な回路構成の説明にとどめるが，最近の計測機器は一般にワンボードコンピュータなどを含むデジタル技術の導入により，測定者による操作上の誤りを防ぐための無調整化，および機器自体に制御，計算，判断などの機能をもたせるようにした**インテリジェント化**の方向に進む傾向にある．

4-1　電子電圧計

　電子電圧計（electronic voltmeter）は直流から高周波までの広い周波数範囲の電圧測定に用いることができ，高感度で入力インピーダンスが高く，また一般的に多目的の測定機能をもつ．しかし，最近では同様な機能をもち4-4で取扱うデジタルマルチメータが使用されるばあいが多くなってきている．

　電子電圧計の回路構成としては，図4-1に示すような増幅整流方式と整流増幅方式に分けられる．増幅整流方式は入力電圧を高利得の交流増幅器で増幅した後，整流して直流電圧値で表示するものである．電圧

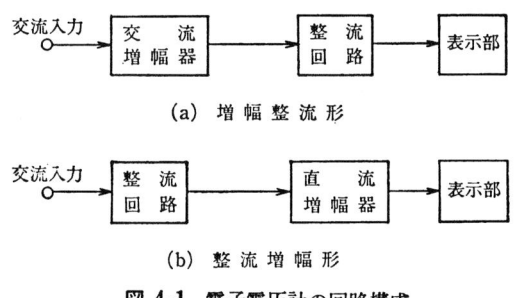

(a) 増幅整流形

(b) 整流増幅形

図 4-1　電子電圧計の回路構成

4-1 電子電圧計

(a) 直 列 形　　　　　　　(b) 並 列 形

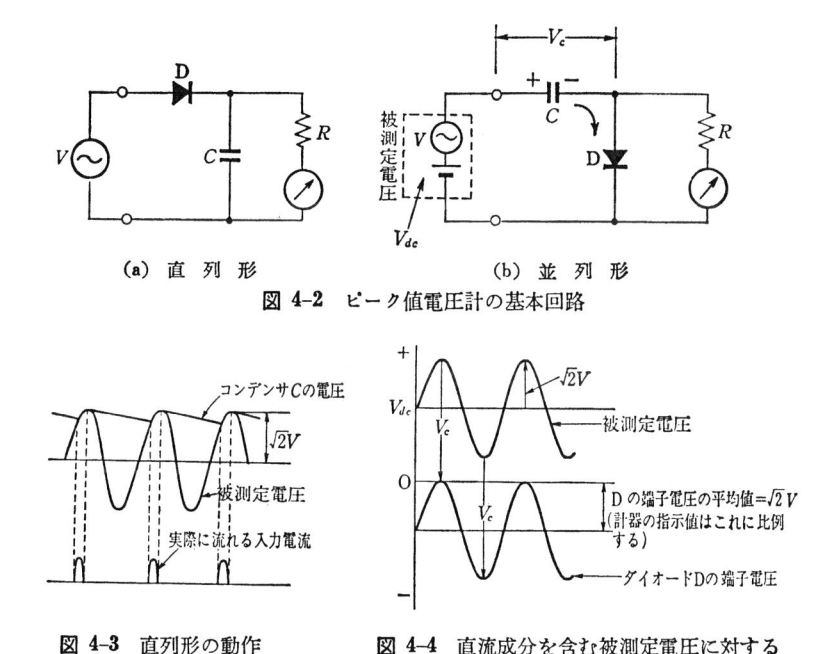

図 4-2　ピーク値電圧計の基本回路

図 4-3　直列形の動作　　図 4-4　直流成分を含む被測定電圧に対する並列形の動作

レンジは 1 mV～300 V 程度のものが多く，周波数帯は広帯域のものでも 10 Hz～10 MHz である．一方，整流増幅方式では整流回路により，入力高周波電圧をその波高値に比例する直流電圧に変換した後，直流増幅器で増幅した値を出力するものである．増幅整流方式の計器はデジタルマルチメータが代わって使用されるばあいが多いのに対して，整流増幅方式では周波数特性は整流部で決定されるので，30 Hz～500 MHz と広いため，今後も特に高周波帯では使用され得る．以下では，整流増幅方式の整流回路について述べる．

　整流増幅方式の電子電圧計中の整流回路は図 4-2 (a) または (b) に示すようなダイオードによるピーク値比例整流回路が用いられる．図 4-2 (a) は直列形といわれ，ダイオード D が負荷抵抗 R に対して直列で，図 4-3 に示すように，交流入力の半周期にコンデンサ C をそのピーク値まで充電し，つぎの半周期において R を通して放電する．その放電時定数 CR が交流の周期に比べて十分大であれば，つぎの交流のピーク値がくるまでその電圧を維持する．それゆえ，出

力には交流のピーク値に比例した直流電圧が得られる．この直列形回路では，入力電圧に正の直流分が含まれると出力を増加させ誤差となる．これを避けるために図 4-2(b) の並列形回路では，コンデンサ C で直流を切る．入力電圧の負の半周期では電流は C と R を直列に通るが，R の値が大きいから電流は無視できるほど小さい．一方，正の半周期では電流はダイオード D を通って C を矢印の方向に充電し，最終的に正電圧のピーク値（$\sqrt{2}\,V+V_{dc}$）まで充電する．つぎの瞬間からは，このコンデンサの両端のほぼ一定電圧 V_c と入力交流電圧とが直列になった電圧がダイオード両端に現れる．この様子を図 4-4 に示す．これより，このダイオードの両端電圧の平均値を測定すれば，正ピーク値に比例した電圧が測定できる．

以上述べたように，図 4-2 の回路はピーク値比例形であるが，一般に入力が正弦波交流電圧であるときの実効値で目盛ってあるので，正弦波でない波形のばあいは誤差を生じるので注意を要する．

つぎに，整流増幅方式の電子電圧計の等価入力抵抗 R_{in} を求める．入力電圧を V（実効値）とすると，図 4-2 (a) の回路では負荷抵抗 R で消費する電力は $(\sqrt{2}\,V)^2/R$ となり，R_{in} は $R/2$ となる．図 4-2 (b) の回路では，R の両端には入力電圧の正側のピーク値（$\sqrt{2}\,V$）に入力交流電圧 V が重畳されるので，次式から推定できるように R_{in} は $R/3$ となる．

$$\text{消費電力}=\frac{(\sqrt{2}\,V)^2}{R}+\frac{V^2}{R}=\frac{V^2}{R/3} \tag{4-1}$$

4-2 直流高感度電圧計

直流高感度電圧計は微小な直流電圧および電流を交流に変換して高利得の交流

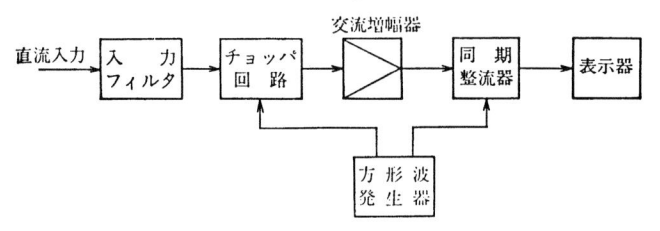

図 4-5 直流高感度電圧計の原理図

増幅器で増幅し，この出力を可動コイル形計器またはデジタル計器で表示する．

従来，高感度電圧，電流測定に用いられてきた反照形検流計は，使用場所に制約を受け，取扱いにも熟練を要した．それに対して直流高感度電圧計は感度，応答速度，取扱いなどに優れた特徴を有する．図4-5はこの電圧計の原理を示すブロック図である．入力フィルタは入力信号に含まれる雑音を除くためのローパスフィルタ回路である．微小な直流入力を高利得で増幅するために交流に変換したほうが扱いやすい．そのために，チョッパ回路は直流を切断して脈流とするためのものであり，同期整流器は増幅された交流を直流に戻すためのものである．

4-3 エレクトロニックカウンタ

エレクトロニックカウンタ（electronic counter）はデジタル回路技術を応用し，入力信号の波の数を計数し，表示器上に数字として出力する計器である．

測定機能が周波数のみの計器が**周波数カウンタ**（frequency counter）とよばれ，周期，時間，周波数比，および分周などの機能が付加された計器が**ユニバーサルカウンタ**（universal counter）とよばれている．エレクトロニックカウンタの高信頼性化，小型化，低価格化がすすみ，現在のデジタル計測器の多くにデジタルカウンタの機構が組込まれており，エレクトロニックカウンタはデジタル計測器の基本的な部分となっている．

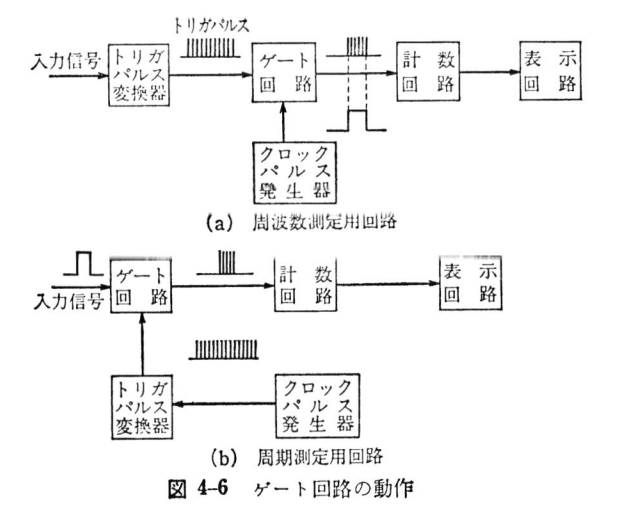

図 4-6 ゲート回路の動作

エレクトロニックカウンタはゲートを通過するパルス信号を計数表示する機能をもつ計器であって，そのゲート回路の動作はつぎの二つのばあいに分けられる．

図 4-6(a)は周波数測定に用いられる回路系で，カウンタ内部に用意されたクロックパルス（正確な基準時間を示すパルス信号）によってゲートを開閉し，ゲートが開いている一定時間内にゲートを通過する入力信号をトリガパルスの数に変換して計数する方式である．一方，図 4-6(b)は周期測定に用いられる回路系で，入力信号によってゲートを開閉し，ゲートが開いている間にゲートを通過するトリガパルス化されたクロックパルス数を計数する方式である．このばあい，ゲートの開閉信号とクロックパルスの位相関係が非同期であるため，図 4-7に示すように，ゲートを通過するクロックパルスの数が例えば5となるばあい(a)と4となるばあい(b)があり，1カウントだけの誤差を生ずる可能性がある．これを**非同期誤差**という．

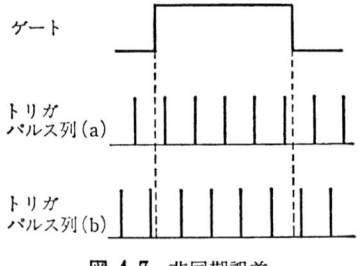

図 4-7 非同期誤差

次に図4-8に周波数測定回路のブロック図を示す．増幅器で増幅された入力信号は周波数に等しく立上がりの鋭いトリガパルスに変換され，ゲート回路に送られる．一方，時間基準発振器内の水晶発振子より正確な基準周波数が用意されて

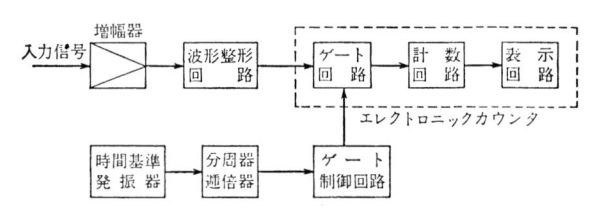

図 4-8 周波数測定の原理図

おり，この信号を基準としてゲート制御回路は作動し，ゲート開放時間を正確に決定する．この設定時間内にゲートを通過した入力パルス信号が計数される

4-4 デジタルマルチメータ

デジタルマルチメータ（digital multimeter）は直流・交流電圧，直流・交流

4-4 デジタルマルチメータ

図 4-9 デジタルマルチメータの回路構成図

電流,および抵抗などの測定機能をもつ計器であり,そのうちで直流電圧の測定機能だけのものが**デジタル電圧計**(digital voltmeter)である.デジタルマルチメータの基本回路構成を図 4-9 に示す.直流電圧以外の信号を測定するばあいには,直流電圧変換部で直流電圧に変換され,さらにレベル変換部で 1 V ぐらいに調整される.これはつぎの A/D 変換部の A/D 変換器は通常最適入力レベルがきめられているためである.

つぎにオペアンプを使用した直流電圧変換法について説明する.

4-4-1 抵抗値の変換

図 4-10(a)に示すように,V_R を基準電圧,R_R を既知抵抗,R_X を未知抵抗とする.オペアンプの入力インピーダンスは十分大きく,かつ,増幅度も大き

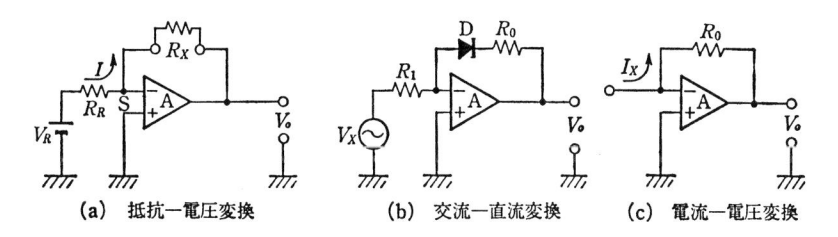

(a) 抵抗―電圧変換　　(b) 交流―直流変換　　(c) 電流―電圧変換

図 4-10 入力信号―電圧変換回路

いので,R_R と R_X を流れる電流は等しく,S 点はイマジナリショートと考えることができる.そこで,出力電圧 V_o は,

$$V_o = -\frac{V_R}{R_R} R_X \tag{4-2}$$

として求まる.(V_R/R_R) は一定(既知)であるから,R_X は V_o より求まる.

4-4-2 交流電圧の変換

図 4-10(b)に示す回路で,測定電圧 V_X と出力電圧 V_o の間には,

$$V_o = -\frac{R_0}{R_1}V_x \qquad (4\text{-}3)$$

がなりたつため，V_x が求まる．式 (4-3) からわかるように，この式にはダイオード D の特性は関係しないので，ダイオードの非直線性や温度特性などが無視でき，安定な変換が可能となる．

4-4-3 電流の変換

図 4-10（c）の回路では，測定電流 I_x が既知抵抗 R_0 を流れるので，出力電圧 V_o は，

$$V_o = -R_0 I_x \qquad (4\text{-}4)$$

で求まる．I_x が交流電流のばあいには図 4-10（c）の回路の後に図 4-10（b）の回路を接続することにより，直流電圧に変換できる．

4-5 デジタル LCR メータ

デジタル LCR メータ (digital LCR meter) の測定原理は，ほぼつぎの3種類に分類できる．

（a） 電流電圧計法を応用したもの
（b） 自動ブリッジ回路を応用したもの
（c） 反射係数法によるもの

（a）の電流電圧計法を応用したものは低価格で測定範囲が広いので，現在，最も広く使用されている．表示桁数 3～4 桁，測定確度が 0.2～0.3 ％ のものが多い．（b）の自動ブリッジ回路を応用したものとしては，ブリッジの2辺に交流電源を組込んだ自動ブリッジ回路を使用して，電流と電圧をベクトル的に測定してインピーダンスを求める．この方式は（a）で述べた電流・電圧計法の電流測定回路に特別な工夫を凝らしたものとみなすこともできる．表示桁数6桁，測定確度 0.05 ％ のものもある．（c）は高周波帯用でインピーダンスと一定の関係がある反射係数を測定し，その値からインピーダンスを算出する方式が用いられる．測定周波数は 1 MHz～1 GHz で測定確度は 2 ％ 以内である．

以下では，（a）と（b）の原理に基づく回路について説明する．

電流電圧計法に基づく LCR の測定原理を図 4-11 の回路で説明する．被測定インピーダンス $\dot{Z}=R+jX$ および標準抵抗 R_S に発振器から電流 i を流す．ただし，増幅器 A_1 は理想オペアンプとする．増幅器 A_2 は電圧フォロアを示す．

$v=i(R+jX)$，そして，$i=v_S/R_S$ であるので，

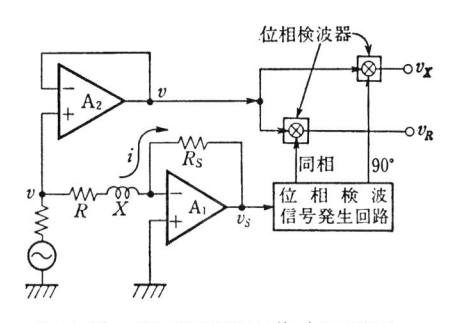

図 4-11 電流電圧計法に基づく原理図

$$v = \frac{v_S}{R_S}R + j\frac{v_S}{R_S}X \tag{4-5}$$

が求まる．そこで，電圧 v を電圧 v_S と同相成分 v_R と 90° 位相差をもった成分 v_X に分けて測定すれば，

$$R = \frac{v_R}{v_S}R_S, \qquad X = \frac{v_X}{v_S}R_S \tag{4-6}$$

として被測定インピーダンスを求めることができる．つぎに各位相成分を検出するための検波回路を図 4-12 に示す．位相検波信号発生器では，基準電圧 v_S を

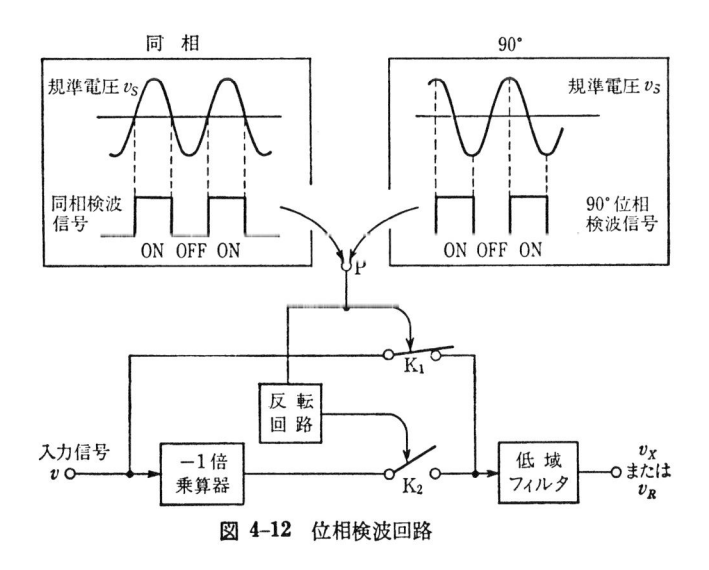

図 4-12 位相検波回路

基準として同相検波信号と 90°ずれた検波信号が作られ，端子 P に供給される．同相検波信号が ON のときには，スイッチ K_1 が ON でスイッチ K_2 は OFF となるため，入力信号 v がそのままローパスフィルタへ供給される．つぎに，同相検波信号が OFF のときには，K_1 が OFF で K_2 が ON となるので，入力信号 v には -1 が掛けられるため逆転した波形（以下の積分操作で出力が 0 にならないように）がローパスフィルタへ電圧 v_R として入力される．一方，90°ずれた検波信号に対しても，同様に検波信号 ON のときには K_1 が閉じ，OFF のときには K_2 が閉じる．このときの電圧を v_X とする．電圧 v_R と v_X はローパスフィルタで積分され，その値をデジタルボルトメータ（DVM）で測定する．ただし，端子 P からの検波信号でスイッチ K_1 および K_2 が制御される回路系およびローパスフィルタは，同相検波信号と 90°ずれた検波信号に対して別々に必要とされる．

つぎに，自動ブリッジ回路を応用した LCR メータについて説明する．その原理図を図 4-13 に示す．ここで，被測定試料のアドミッタンスを $\dot{Y}=G+jB$

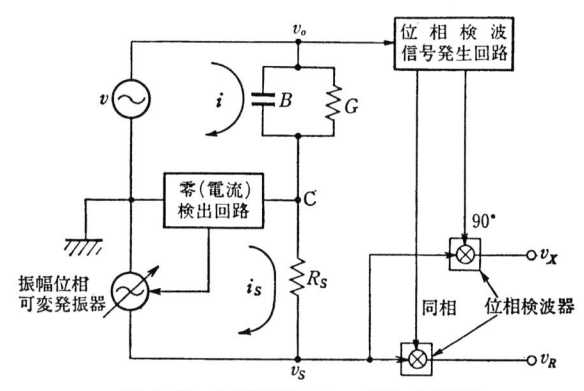

図 4-13 自動平衡ブリッジ形の原理図

とおく．零検出回路を流れる電流が 0 となるように振幅位相可変発振器が制御される．また，点 C は仮想接地（イマジナリーショート）であることに注目すると，次式が成立する．

$$v_o(G+jB)+\frac{v_S}{R_S}=0 \qquad (4\text{-}7)$$

この式から次式が求まる．

$$v_S = -v_o(G+jB)R_S \tag{4-8}$$

上式で v_o を基準として，v_S の同相成分を v_R，v_S の 90° 位相成分を v_X とおくと，

$$G = -\frac{v_R}{v_o}\frac{1}{R_S}, \qquad B = -\frac{v_X}{v_o}\frac{1}{R_S} \tag{4-9}$$

電流・電圧計法を応用した LCR メータのばあいと同様に，v_R，v_X，v_o の値をそれぞれ測定すれば被測定アドミッタンス G および B が得られる．

4-6 Qメータ

高周波帯 (50 kHz～100 MHz) でコイル (インダクタンス L，抵抗 R) とコンデンサ (キャパシタンス C) の直列共振回路の Q 値 ($=\omega L/R$ または $1/\omega CR$) を簡単に測定できる計測器に **Qメータ** (Q meter) がある．図 4-14 にQメータの原理を示す．SG は高周波発振器，C_v は標準可変コンデンサ，A は高周波電流計，EV は電子電圧計である．R_0 は 0.025 Ω 程度のきわめて低い抵抗器である．したがって，これと並列に接続される負荷に対しては，電流計の指示値を一定とみなせば R_0 の端子電圧 v_o は一定，すなわち，発振源は定電圧源動作とみなせる．いま，測定端子間に被測定コイルを接続し，SG から角周波数 ω の電流 i を流し，R_0 の端子電圧 $v_o = R_0 i$ の一定電圧を共振回路に加える．C_v を調整して回路を共振させると，そのときの回路の電流は，$i_o = v_o/R$ となる．このときの角周波数 ω を ω_0 とすると，C_v の端子電圧 v_c は，

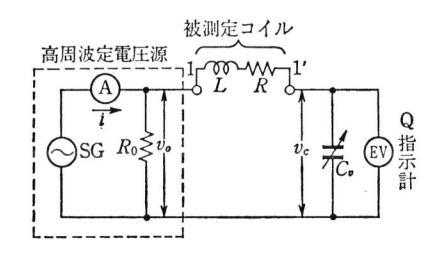

図 4-14 Qメータの原理図

$$v_c = \frac{1}{\omega_0 c_v}i_o = \omega_0 L i_o = \frac{v_o}{c_v \omega_0 R} = \frac{\omega_0 L}{R}v_o = Q v_o \tag{4-10}$$

となり，v_o は一定であるので v_c は Q に比例する．EV の指示値を Q の値で目盛っておけば Q の値は直読できる．

Q の値がわかれば ω_0 と C_v の値が既知であることから，式 (4-10) からわか

るように被測定コイルの L と R も求まる.

一方, 未知キャパシタンス C を測定するばあいには, 図 4-14 の被測定試料コイルの位置に標準コイル (標準インダクタンス値 L_S) を接続し, 可変キャパシタンス C_v と並列に被測定キャパシタンス C を接続すると, 共振時には $\omega_0 L_S = 1/\omega_0(C+C_v)$ の関係が存在し, C は次式で求まる.

$$C = \frac{1}{\omega_0^2 L_S} - C_v \tag{4-11}$$

4-7 エレクトロニック形電力計

平均電力 P_m は電圧と電流の瞬時値の積の平均値で示される. したがって平均値指示電力計としては, 電気信号に対する乗算回路と平均値を求めるための回路が必要となる. ここでは, 乗算回路として対数変換式乗算器とホール効果形乗算器を用いたものについて説明する.

4-7-1 対数変換方式電力計

電流と電圧の乗算は, それぞれの値の対数をとり, これらを加算した後に逆対数変換することによって得られることを利用する.

図 4-15 に示すように, 入力信号を電流 i と電圧 v に比例する成分に分けてから対数をとり, これをオペアンプで加え合わせてやれば, その出力として $v \times i$

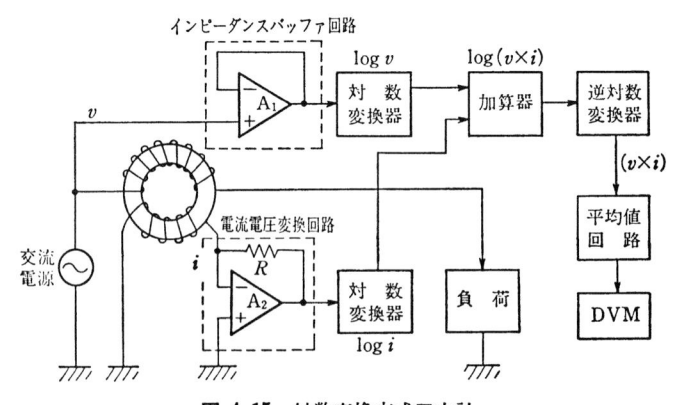

図 4-15 対数変換方式電力計

の対数値が得られ，さらに，逆変換すれば $v\times i$ の値が得られる．

対数変換器と逆対数変換器に関しては，オペアンプを使用して構成することもできるが，IC 化されたものを利用したほうが便利である．平均値指示回路としてはローパスフィルタが用いられる．

4-7-2 ホール効果形電力計

ホール効果とは図 4-16 に示すように，一種の半導体素子であるホール素子に電流 I を流し，これと直角に磁束密度 B の磁界を加えると，V_H というホール効果起電力（ホール電圧）が発生する．この関係を式で示すと，

$$V_H = \frac{R_H B I}{t} \qquad (4\text{-}12)$$

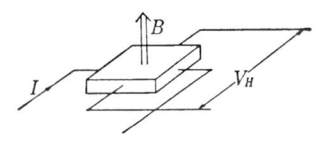

図 4-16 ホール効果

で求まり，ここで R_H はホール定数，t は素子の厚さである．

図 4-17 に**ホール効果形乗算器**を使用した電力計の原理図を示す．電流検出コイルに電流 i を流して B を発生し，電圧 v に比例する電流 i_H をホール素子に適用すると，$V_H = k i i_H$ （ただし k は比例係数）となり，v と i の積に比例したホール電圧 V_H が求まる．

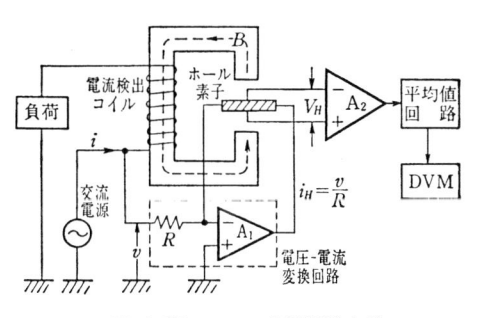

図 4-17 ホール効果形電力計

対数変換方式電力計とホール効果形電力計とも，電圧 500 V 以下，電流 200 A 以下，周波数 40～500 Hz，確度 1％程度のものが使用されている．

4-8 オシロスコープ

オシロスコープ（oscilloscope）はブラウン管（Braun tube）に表示された電圧波形から，その振幅，周期（逆数が周波数）などが計測できる．また，同時

に2信号を入力したばあいには，それらの信号の振幅差，位相差などが正確に測定できる．

図4-18にブラウン管の外形と簡単な内部構造を示す．カソードから発射された電子ビームは，電子レンズと加速電極によって細いビームとなり，加速されて蛍光面に衝突し，その部分に輝点を生じる．このと

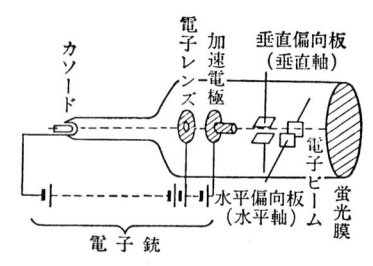

図4-18 ブラウン管（Braun tube または cathod ray tube）

き，電子ビームは途中に設けられた垂直偏向電極および水平偏向電極に加えられた電圧によって，ブラウン管上の輝点の位置が決定される．

時間的に振動する電気振動を垂直軸（vertical axis）に加えると，**輝点は信号**にしたがって垂直に動く線を描くのみで波形は現れない．それゆえ，水平方向の動きを与えるためには，水平軸（horizontal axis），すなわち時間軸にブラウン管面にむかって左から右へ一定速度で変化する電圧を加えればよい．これを**掃引**（sweep）するという．実際このためには，水平偏向電極に時間とともに増加する電圧（のこぎり波電圧）を加える．しかし，ブラウン管面には限りがあるし，また，輝点はすぐ消えてしまうために，右端にいったら素早くもとの左端に戻す必要がある．また，波形を静止させるためには，観測波形の周期とのこぎり波電圧の周期はある一定の関係を保つようにしなければならない．これを**同期をとる**という．この同期のとり方には，強制同期方式と始動掃引同期方式（シンクロスコープ方式）がある．

4-8-1 強制同期方式

図4-19に示すように，観測波形に対して，のこぎり波電圧を無関係に発生させたばあい（同図(a)），掃引のたびごとに観測波形はずれてしまい観測できない．同図(b)および(c)に示すように，のこぎり波の周波数を観測

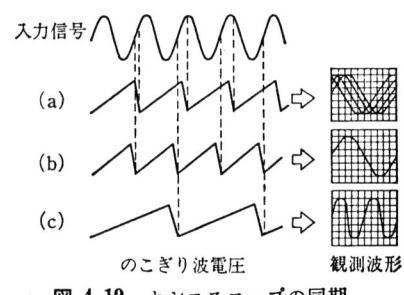

図4-19 オシロスコープの同期

信号の周波数の整数倍に選べば静止した波形が観測できる．

実際ののこぎり波発生回路は図4-20に示すように，観測信号の一部を分岐し，のこぎり波発生器に送られ，の

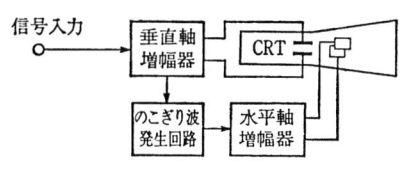

図 4-20 強制同期回路構成

こぎり波発生器はその周期を観測信号の周期に強制的に同期させながら常に発振する．

4-8-2 始動掃引同期方式（シンクロスコープ方式）

この方式のオシロスコープを日本ではシンクロスコープとよぶことが一般的となっている．シンクロスコープの回路構成を図 4-21 に示す．強制同期方式との違いは始動掃引パルス（トリガパルス）発生回路が使用されることである．観測信号が垂直軸に加えられると同時に始動掃引パルス発生回路（トリガ回路）にも加えられる．観測信号がトリガレベル（適当に設定できる）以上になったとき，トリガ回路で図 4-22 に示すような幅の狭いトリガパルスを発生する．同図(a)に示すように，このパルス信号によってのこぎり波発生回路が動作を開始する．

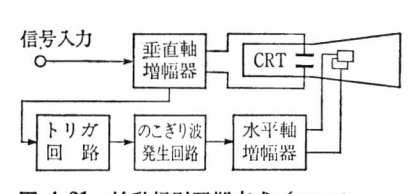

図 4-21 始動掃引同期方式（シンクロスコープ方式）回路構成

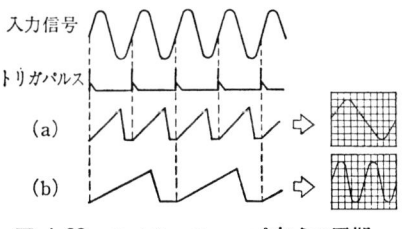

図 4-22 シンクロスコープ方式の同期

そして，のこぎり波発生回路は初めのトリガパルスで1回の掃引が終了すると，つぎのトリガパルスがくるまで停止する．同図(b)では，掃引の途中で2回目のトリガパルスがきても，このパルスには無関係に掃引が終了し，つぎのトリガパルスによって掃引を開始するばあいを示す．この方式は観測波形に周期性がないばあいに非常に有効な観測法である．

4-8-3 二現象オシロスコープ

同時に二つの現象をブラウン管面上で観測することが可能なオシロスコープを

二現象オシロスコープという．これを実現するためには，ブラウン管内に2本の電子銃をもつデュアルビーム方式と，1本の電子銃を電子スイッチ回路で切換える方式がある．一般には後者が使用されており，さらに，その方式はオルタネート (alternate) 方式とチョップ (chop) 方式に分類される．一般の二現象オシ

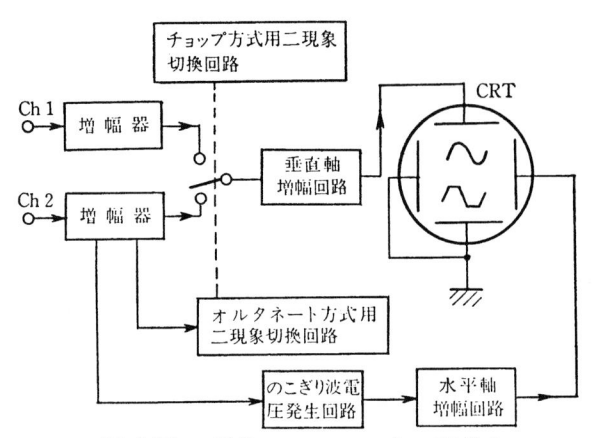

図 4-23 二現象オシロスコープの回路構成

ロスコープはオルタネート方式とチョップ方式の両方を備えており，必要に応じて選択できるようにしてある．その回路構成を図 4-23 に示す．オルタネート方式の動作は，図 4-24（a）のように Ch 1 と Ch 2 の入力端子のうち，片方（図では Ch 2）の信号に同期して掃引し，垂直軸へは電子スイッチによって Ch 1 と Ch 2 の入力が交互に接続することにより，管面上には Ch 1 と Ch 2 の波形が交互に描かれる．ただし，水平軸（時間軸）は常に Ch 2 に同期して作動していることに注意しなければならない．したがって掃引時間が短いときには，管面上には二つの波形が同時に見える．しかし，掃引時間が長くなるほど切換えが目立ち，管面がちらついて見える．そこで，この方式は観測信号周波数の高いときに用いる．

チョップ方式は図 4-24（b）で示すように，二つの観測信号を電子スイッチにより一定の高い周波数（たとえば 100 kHz）で Ch 1 と Ch 2 に切換える．それぞれの観測信号は

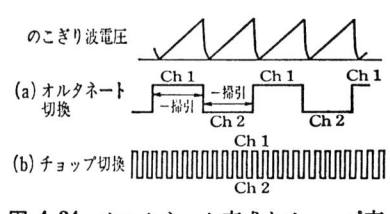

図 4-24 オルタネート方式とチョップ方式の動作

管面上に時間的にずれた点のつながりとなるが，この切換周期が観測信号の周期に比べて十分短ければ，ブラウン管面上には二つの波形が連続的に表示される．したがって，この方式は観測信号の周波数が低いときに用いられる．

4-8-4 デジタル形オシロスコープ

これまで述べたオシロスコープは，アナログ入力信号をそのままブラウン管上にアナログ表示したのに対して，図 4-25 に示すようなデジタル形オシロスコープでは，入力信号を A/D 変換器でデジタル値に変換し，マイクロプロセッサで波形再生して表示する．

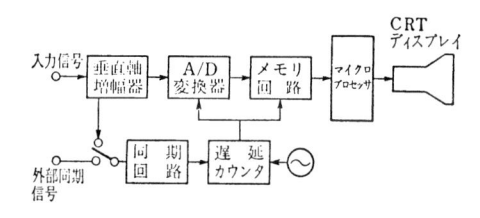

図 4-25 デジタル形オシロスコープの回路構成

アナログ形オシロスコープでは掃引にのこぎり波電圧を用いて水平軸を振らせたのに対して，デジタル形オシロスコープでは非常に正確なクロック信号でメモリ回路より波形データを取込み表示する．

入力信号をサンプリング（抽出）する方法として，リアルタイムサンプリング方式と等価時間サンプリング方式がある．リアルタイムサンプリング方式はすでに前章の D/A および A/D のところで述べたように，入力信号を忠実に再現するためには，サンプリング定理より，その最大周波数の 2 倍以上の周波数でサンプリングする必要がある．この方式では単発信号を観測することができる．一方，等価時間サンプリング方式にはシーケンシャル方式とランダム方式があり，いずれも高周波の繰返し信号の観測に使用され，GHz オーダまでの広帯域化ができる．シーケンシャルサンプリング方式の説明図を図 4-26 に示す．トリガレベル（始動掃引パルスレベル）を基準として，その位置から信号の各周期ごとに，ある一定時間ずつサンプル点をずらして信号波形をサンプリングして最終的に 1 個の波形を再生する．すなわち，何周期分もの測定データから一つの信号波形を再生するた

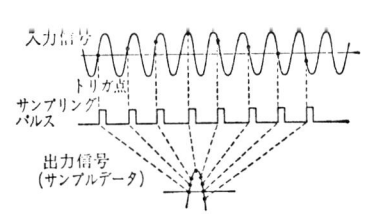

図 4-26 シーケンシャルサンプリング

め，サンプリング定理のナイキスト周波数（信号を再生するためには，信号中に含まれる最高周波数の2倍以上の周波数でサンプリングする必要がある）には無関係に高周波信号の観測ができる．

ランダムサンプリング方式では，図 4-27 に示すように，サンプリング信号とトリガ信号は非同期状態で入力信号をサンプリングして A/D 変換した結果をメモリに取込む．実際には，入力波形がトリガレベルを超した点からサンプリングまでの時間を測定し，つぎの入力波形に対しても同様に，その時間差を測り，何波形かのデータをトリガ点を基準にして重ね合わせて一つの入力波形を再生する．シーケンシャルサンプリング方式は，トリガ点とサンプリングが同期しているため，トリガ点より後の信号のみを観測するが，ランダムサンプリング方式では，それらの関係は非同期のためトリガ点以前の現象（プリトリガ機能）も観測が可能となる．

デジタル形はアナログ形に比べて以上述べた特徴以外に，入力波形がデジタル信号で保存されているため，計算処理および他の機器へのデータ転送が容易，また，複雑なトリガ機能もできるなどの特徴を有するが，高価なのが欠点である．

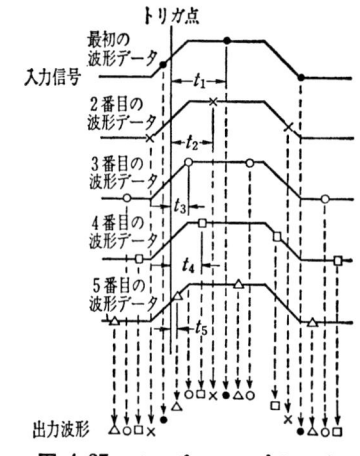

図 4-27 ランダムサンプリング

4-9 スペクトラムアナライザ

スペクトラムアナライザ（spectrum analyzer）は入力信号の周波数分析に使用する測定器である．

図 4-28 に示すようにオシロスコープでは，入力信号の振幅，時間特性が観測できたのに対して，スペクトラムアナライザでは入力信号を各周波数成分に分解し，画面上に振幅，周波数の関係として表示する装置である．それらの周波数成分の選出にはバンドパスフィルタ（帯域フィルタ）が用いられ，そのフィルタの構成の違いによって，実時間アナライザと掃引同調形アナライザに分類される．

実時間アナライザは図 4-29 に示すように，入力部に数多くのバンドパスフィ

ルタが並列に接続されており，おのおののフィルタの後段にはピーク検出器をもっており，そのフィルタ群の周波数レンジ内のすべての信号成分の検出が可能である．この方式のアナライザは過渡現象，振幅解析，音声帯域での測定など，比較的低周波信号の解析に最適である．おのおののフィルタの帯域幅は一般的には固定であるため，分解能を変えるためには，全部のフィルタ群を交換する必要が生じる．そのため測定周波数範囲が狭くなるなどの欠点がある．

　一方，**掃引同調形アナライザ**は瞬間ごとにその周波数成分を検出しながら，アナライザの周波数範囲を繰返し掃引する．それゆえ，実時間アナライザがもつ過渡信号の分析能力や超高分解能の機能は失われるが，広い周波数帯が測定可能となり，分解能が可変になるなどの性能的に柔軟性が得られる．

　図 4-30 に掃引同調形アナライザの最も一般的なスーパーヘテロダイン方式の回路構成を示す．入力周波数 f_S，局部発振周波数 f_{LO}，中間周波数（ミクサによ

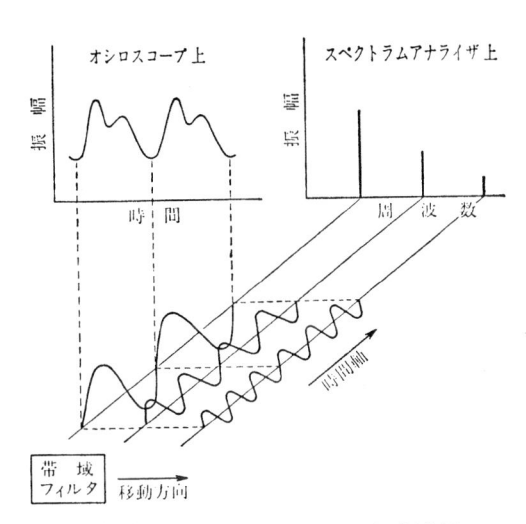

図 4-28　スペクトラムアナライザの概念図

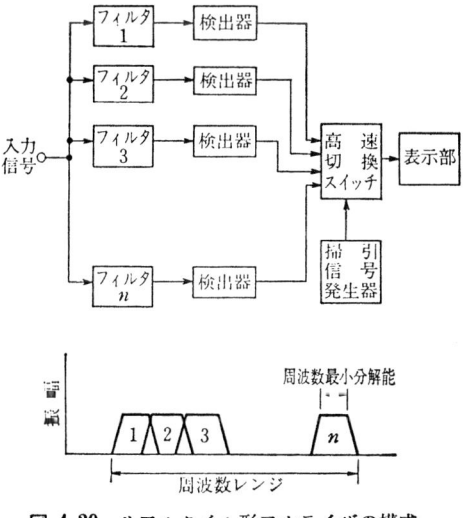

図 4-29　リアルタイム形アナライザの構成

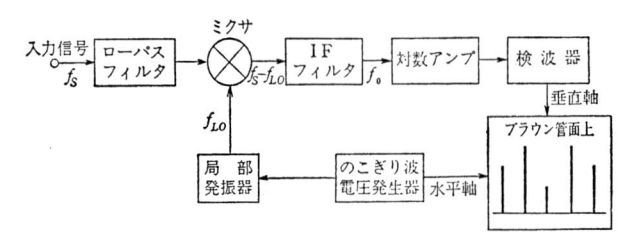

図 4-30 スーパーヘテロダイン形アナライザの構成

って混合された後の周波数) f_{IF} の間にはつぎの関係が存在する．

$$|f_S-f_{LO}|=f_{IF} \tag{4-13}$$

f_{LO} はあらかじめ設定した周波数幅だけ，のこぎり波発生器によって掃引する．式 (4-13) からわかるように，f_S と f_{LO} の大小によって

$$f_S-f_{LO}=f_{IF} \text{ または, } f_{LO}-f_S=f_{IF} \tag{4-14}$$

同一周波数の f_{IF} が生じる．必要とする希望信号以外のイメージ信号を除去するために，入力段にローパスフィルタを入れることによって，そのフィルタの遮断周波数を $f_{LO}>f_S$ の条件で用いれば，f_{IF} が IF フィルタ（バンドパスフィルタ）の中心周波数 f_0（固定）に一致したとき出力がブラウン管上に現れる．

スペクトラムアナライザは次節で述べる FFT アナライザに比べて，高周波まで使用可能であるが，入力信号は一つのみで，直流成分および位相関係の情報が測定できないなどの欠点がある．

4-10 FFT アナライザ

FFT は fast Fourier transform（高速フーリエ変換）の略称で，フーリエ変換をデジタルで取扱うことを離散的フーリエ変換 (discrete Fourier transform; 略称 DFT) といい，この DFT を高速で効率よく計算するアルゴリズムが FFT である．スペクトラムアナライザのように，単に信号の周波数成分の振幅のみを測定して解析するだけではなく，FFT アナライザはアナログ信号をデジタル信号に変換して処理することから低周波帯（通常 100 kHz 以下）での振幅と位相を同時に測定できる．

多くのばあい，信号が周期的な時間関数であるばあいには，その信号を周波数

成分に分析することによって，その特徴を明確にすることができる．周期 T で変化する時間関数 $S(t)$ に対するフーリエ級数は，式 (4-15) に示すように，適当な重みをつけた正弦関数と余弦関数の和に分解できる．

$$S(t)=a_0+\sum_{n=1}^{\infty}\{a_n\cos(2\pi nt/T)+b_n\sin(2\pi nt/T)\} \quad (4\text{-}15)$$

ただし，$a_0=\dfrac{1}{T}\displaystyle\int_0^T S(t)\,dt$，

$a_n=\dfrac{2}{T}\displaystyle\int_0^T S(t)\cos(2\pi nt/T)\,dt$

$b_n=\dfrac{2}{T}\displaystyle\int_0^T S(t)\sin(2\pi nt/T)\,dt$

しかし，フーリエ級数は常に周期的な時間関数にしか使用できない．そこで，この制限をなくすために，信号の周期を無限に近づけて（周期と無限大として）その級数を計算したものが**フーリエ変換**で，次式で表される．

フーリエ変換　　$F(\omega)=\displaystyle\int_{-\infty}^{\infty}S(t)e^{-j\omega t}\,dt$ \hspace{2em} (4-16)

フーリエ逆変換　$S(t)=\dfrac{1}{2\pi}\displaystyle\int_{-\infty}^{\infty}F(\omega)e^{j\omega t}\,d\omega$ \hspace{2em} (4-17)

ただし，ω（角周波数）$=2\pi f$，$e^{-j\omega t}=\cos\omega t-j\sin\omega t$

フーリエ変換は上式からわかるように，各周波数の振幅測定ができる以外に，周波数成分を実数部と虚数部に分けて測定できることから位相も測定できる．また，式 (4-17) からわかるようにフーリエ変換された信号 $F(\omega)$ はフーリエ逆変換を行うことにより，ふたたび時間領域の信号 $S(t)$ になおすこともできる．

図 4-31 に 2 チャンネル入力の FFT アナライザの回路構成を示す．アナログ入力信号を一定の時間間隔で高速サンプリングし，つぎに A/D 変換器によってデジタル変換し，メモリ部に記憶する．このメモリ部に貯えられたデータは FFT 演算処

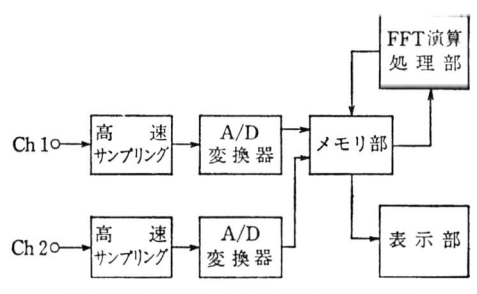

図 4-31 FFT アナライザの回路構成

表 4-1 FFTアナライザで測定できる代表的な関数

周波数領域の関数		時間領域の関数
パワースペクトラム	⟷	自己相関関数
↓		
コヒーレンス関数		
↑		
クロススペクトラム	⟷	相互相関関数
伝 達 関 数	⟷	インパルス応答

理部で J.W. Cooley と J.W. Takey によって開発された高速フーリエ変換のアルゴリズムにしたがって演算処理され,所要の関数が求められる.その演算結果はふたたびメモリ部に貯えられ,必要に応じて表示部に波形として出力する.

表 4-1 には FFT アナライザでよく使用される関数と,それらの間の関係を示す.ここで,パワースペクトラムは不規則信号の分析に広く用いられる.コヒーレンス関数は 2 信号間の周波数領域での類似性を 0 (無相関) から 1.0 (完全コヒーレンス) の間の数字で表す.また,クロススペクトラムも 2 信号間の類似性を示す.相関関数は 2 信号間の時間領域での類似性を表すもので,特に自己相関関数は波形の周期性を調べるために利用され,相互相関関数は 2 信号間の時間遅れの測定や,雑音中からの信号の検出などに応用される.

インパルス応答は入力・出力間の線形関係すべてを記述する量であり,一方,伝達関数は線形系の入力・出力間の関係を周波数領域で記述したものである.

FFT アナライザは直流から約 100 kHz までの周波数で,入力信号の振幅および位相を知ることができることから,他の方式のスペクトラムアナライザに比較して,特にインパルス性の信号や過渡的な信号のスペクトラム解析に適するものである.

第5章 計測システム

5-1 計測システム

　計測器を単体で使用するのではなく，複数のデジタル計測器と小型計算機とを組合わせ，単体で使用するよりも高度の機能を発揮させるように構成したものを**計測システム**あるいは**自動計測システム**とよぶ[1]．

　計測システムによる計測では，測定者が通常行っている作業，たとえばダイアル調整，指示値の読みとり，データ処理の計算，データのグラフ化などの作業を計測システムに実行させることができる．そこで測定者は，測定条件と得たい情報とを指示し，計測システムの動作を開始させればよい．計測システムを構成するためには，所望の結果が得られるような適切な構成が必要であり，そのための準備には時間と手数を要するが，いったん実行段階にはいれば，きわめて簡単に結果が得られる．

　このような計測システムは，従来の計測法に比べて，

　(1) システム化することにより，複雑な測定が単純化され，すみやかに結果が得られる，(2) 反復測定が容易になり，多数のデータが短時間で得られる，(3) 測定時間が短縮できるので，精度の向上が期待できる，(4) なまの測定結果を変

---

1) 自動計測システムによる計測は「computer aided measurement (CAM)」といわれる．

換,加工(処理)して必要とするデータが得られる,(5) 系統誤差のようにあらかじめ推定し得る誤差を補正したり,システム内部で自己校正をすることもできる,(6) 個人誤差が避けられる,
などの多くの特徴があるので,一般に計測システムにより能率のよい測定が達成できる.

5-2 計測システムの構成とインタフェース[1]

　市販されている測定器類は多種多様である.これらの各機器と制御用のコンピュータとを接続するのには,必要なインタフェース回路を設計しなければならなかった.ハードウエア,インタフェース回路の開発,ソフトウエア,保守などの点で,膨大な手間と費用を必要とした.つまりそれらの機器の接続には専用の回路と,ソフトウエアを必要としたのである.
　このような不便を解消するために,異なるメーカの計測器と,コンピュータとを相互に任意に接続することのできるインタフェース規格を標準化することが必要である.現在までに作られた標準インタフェースとしては,GP-IB,RS 232 C,CAMAC などがあるが,CAMAC は原子力関係などの大規模システム用に限られるのでここでは省略し,前二者について説明する.

5-3 標準インタフェース

　GP-IB は,general purpose (汎用) interface bus の略称で,すべての構成機器の間をバスライン(母線)で並列に結ぶ方式のことである.もともとこの方式は米国 Hewlett Packard 社が 1960 年に開発したもので,その後米国の電気電子学会 IEEE の標準規格 (IEEE-IB) となり,さらに 1977 年,国際規格として IEC (国際電気標準会議) の規格 (IEC-IB) が制定された.これらは基本的にはまったく同一の規格であるが,一般には GP-IB とよばれることが多いので,ここではこの呼名を用いる.
　なお,我が国ではこの GP-IB 方式がそのまま JIS 規格として制定されている (JIS C 1901).規格には,機能的規格,電気的規格,および機械的規格が含

---

[1] 「インタフェース」のかなづかい表現は,JIS 規格の使用文字によった.

5-3 標準インタフェース

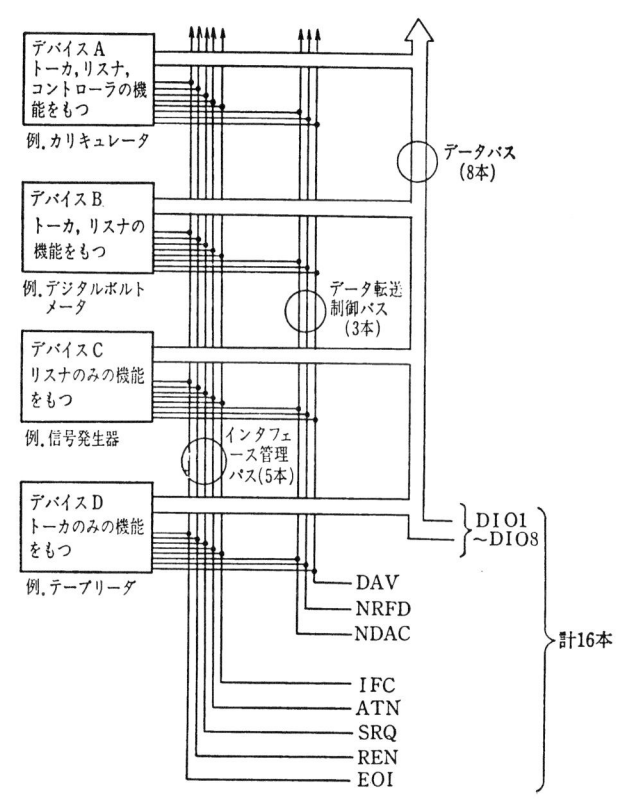

図 5-1 GP-IB インタフェースバス構成

まれ，最近の計測器では，ほとんどがこの標準インタフェース機能を装備している．

つぎに GP-IB 方式の概要を述べる．計測システムを構成するすべての機器は 16 本のバスラインに並列に接続され，機器数は 15 台まで，接続ケーブルの全長は 20 m 以内，信号伝送速度は 1 M（メガ）ビット/秒で，ハンドシェーク制御非同期確認方式といわれる方式を用いているのが特徴である．

バスは 16 本の信号線からなり，機能的につぎの三つのグループに大別できる．

データバス（8 本）は，図 5-1 に示すように機器間の情報やコントローラからのアドレス信号などをビット並列，バイト直列，すなわち 8 本で 8 ビットを並

列に送り，8ビット1単位すなわち1バイトを直列に伝送する．データコードとしては ISO コード（ASCII コードと同じ）を使用する．

転送制御バス（3本）は，DAV (data varid, データが有効), NRFD (not ready for data, データの受信可), NDAC (not data accepted, データの受信終了) の3本の信号線からなり，前記データバス上の情報を非同期方式によって転送するための制御線で，転送状態を監視して，最も低速の機器に合わせている．この方法は，3線ハンドシェークともよばれ，GP-IB バスの一つの特色となっている．

インタフェース管理バス（5本）は，単線信号として種々のコントロールに用いる．

つぎに，バスに接続される機器は，**トーカ** (talker；話し手)，**リスナ** (listener；聞き手)，**コントローラ** (controller) という三つの役目のいずれかを受持つことができる．すなわち，

トーカは，その機器のアドレスが指定されたとき，データを送ることができるもの．

リスナは，その機器のアドレスが指定されたとき，データを受取ることができるもの．

コントローラは，リスナとトーカを指定し，その間でデータの転送を行わせることができるもの．

コントローラは1台のみであるが，リスナとトーカはシステム中に複数ずつ含んでもよいが，システム動作中は，トーカとしては1台しか動作できない．なおコントローラはリスナとトーカを兼ねることができる．

GP-IB の電気的規格では，TTL レベルによる負論理形式を採用している．機械的規格では，接続コネクタが規定され，ピギーバック形式すなわち，コネクタを積重ねて並列接続できる24ピンの多極コネクタを用いている．

つぎに，**RS 232 C** のインタフェース方式について簡単に述べる．この方式は，もとはデータ通信システムにおけるモデム（変復調装置；modulator と demodulator の複合語；略称 modem）と端末装置とのインタフェースの規格として CCITT（国際電信電話諮問委員会）が勧告したものを，米国の EIA（電

子工業会)が規格化したものである.計測システムにおいては,主としてプリンタ,プロッタなどの表示・記録装置へ一方的にデータを送るときのインタフェースとして使用されている.

　RS 232 C を計測器に適用している部分は,不平衡2線式伝送回路で,ビットシリアル,バイトシリアルで伝送し,伝送速度は 20 k ビット/秒以下,距離は 15 m 以下,論理は TTL レベルの負論理である.

第6章　電流，電圧の測定

　電流，電圧の測定は，電気諸量の測定の基礎をなすものであり，ほとんどのばあい，**電流計や電圧計**などを用いて測定することができる．正確な測定が必要なばあいには**電位差計**が用いられる．また最近では，電子回路技術によって構成されたデジタル電圧計をはじめ，各種の機能を備えた電子計測器も用いられる．

　測定においては電流，電圧の大きさ，測定精度，直・交流の別，交流のばあいには周波数，位相，波形，さらには測定器による負荷効果の影響，測定の速さ，測定器具の操作の難易度，価格など，いろいろの条件を考慮して適切な測定法と測定器を選択する必要がある．

6-1　電流の測定

6-1-1　直流電流の測定

　$\mu A \sim mA$ 程度の**直流電流**を指示計器で測定するばあいは，可動コイル形電流計が適している．電流計の測定範囲を拡大して，大きな電流を測定するには分流器を用いる．すなわち，分流器に測定電流を流し，その端子間の電圧降下をミリボルト計で測定し，計算によって電流を求める．ミリボルト計の代わりに**電位差計**や精度の高い**デジタル電圧計**を用いれば，より精密な測定ができる．さらに大きな電流の測定に分流器を用いると，分流器中の熱損失が大きくなり，また抵抗値が低くなって正確な測定が困難になる．このばあいは直流変流器を使用するほうが有利となる．すなわち，負担が大きくとれることのほかに，計器を測定回路から絶縁できる利点もある．

そのほかの特殊な測定法として，ホール効果やファラデー効果などの物理現象を利用して大電流を非接触で測定する方法も開発されている．

一方，μA 程度またはそれ以下の**微小電流**の測定には，従来，2-4 で述べた直流検流計が主に用いられていた．直流検流計は最高 10^{-11} A/mm 程度の電流感度をもつが，感度が高くなるほど周期が長くなり使用に不便となり，また精度も低くなる．このため，μA 以下の電流は安定性のすぐれた高抵抗に測定電流を流し，その電圧降下を 4-2 で述べた**直流高感度電圧計**などを用いて測定する方法が実用になっている．このばあい，増幅器としては直流増幅器かまたは直流—交

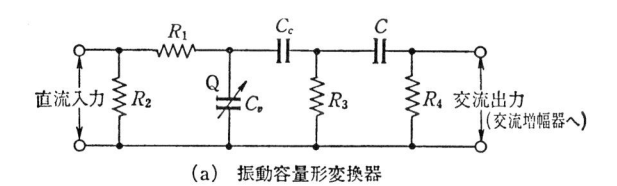

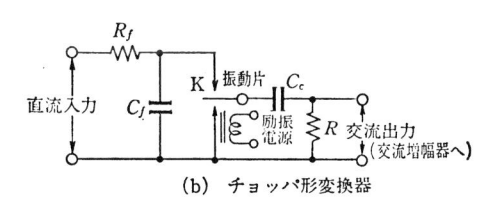

(a) 振動容量形変換器

(b) チョッパ形変換器

図 6-1　直流—交流変換器

流変換形交流増幅器が用いられる．後者の方式は回路構成が比較的容易であり，直流増幅器に比べて零点ドリフト，オフセットなどが小さい利点がある．直流—交流変換の代表的な方法には振動容量形 (vibrating capacitance type) とチョッパ形 (chopper type) がある．図 6-1 (a)，(b) にそれぞれの方式の基本回路構成を示す．

6-1-2　交流電流の測定

商用周波数 の mA 以上の電流を直接指示計器で測定するばあいは，主に可動鉄片電流計が用いられる．それ以下の小電流の測定には感度の点から，整流形や熱電形電流計が用いられる．なお，直流と比較するばあいは電流力計形が用いられる．測定範囲の拡大には直流のばあいと同様に，分流器が用いられる．交流の分

流器では，位相角が問題になるばあいはその時定数の小さいものを選ぶ必要がある．さらに分流器が使用できないほどの大電流では，変流器を用いて 1 A, 5 A などの標準値に変換して測定する．交流変流器は特性が良いので利用することが多い．

可聴周波数帯では整流形または熱電形電流計が用いられ，それ以上の**高周波帯**では熱電形電流計が用いられる．熱電形は表皮効果の影響が無視できる周波数範囲で，直・交流の比較計器として用いることもできる．

微小交流電流の測定には高安定，高感度の交流負帰還増幅器が用いられる．基本的には 6-1-1 で述べた微小直流電流の測定法が適用できる．

交流のばあい，指示電気計器の目盛はほとんど正弦波の実効値指示であるので，波形がそれ以外のばあいは誤差の原因となるので注意を要する．また，大きさを実効値以外の平均値，波高値または瞬時値などで求めるばあいもあるので，測定器の選定が重要となる．

6-2 電圧の測定

6-2-1 直流電圧の測定

mV〜V 程度の**直流電圧**の測定には，可動コイル形電圧計が最も多く用いられる．この電圧計は普通 1 mA の電流計に直列抵抗（倍率器）を接続して構成され，高い精度の測定が可能である．測定範囲を拡大して数百 V 以上の電圧の測定には倍率器を用いる．また数十 kV を超える高い電圧の測定では，倍率器中の熱損失が大きくなるので，損失のない静電形電圧計または直流計器用変圧器の使用が有利である．

また，**微小直流電圧**の測定には，10^{-8} V/mm 程度の高い電圧感度をもつ可動コイル形検流計が用いられていたが，現在では直流電流のばあいと同様に，電子電圧計や直流高感度電圧計などが多く用いられている．

測定においては，精度の点から回路中に発生する熱起電力，接触電位差，温度変化などの影響を除くための注意が必要である．

6-2-2 交流電圧の測定

交流電流のばあいと同様に，**商用周波数**では可動鉄片電圧計を用いることが多い．また用途によっては他の種類の計器も用いられる．電圧計の測定範囲の拡大には直流のばあいと同様に，倍率器が用いられる．高電圧の測定には静電形電圧計や計器用変圧器または容量電圧変成器などを用いる．計器用変圧器による方法は，計器を測定回路から絶縁して 100 V, 150 V などの標準値に変成して測定する．

一般に商用周波数においては，計器用変圧器は変流器と組合わせて用いられることが多い．高周波用のものもある．

直流と比較する必要のあるばあいは，原理上，直流と交流で同じ動作をする電流力計形や静電形が用いられる．

微小交流電圧の測定は，6-1-1 で述べた微小直流電流の測定法が適用される．

可聴周波数帯では主に整流電圧計や電子電圧計が，それ以上の高周波帯ではほとんど**電子電圧計**が用いられる．電子電圧計は周波数特性がすぐれ，入力抵抗が高いため負荷効果が無視できる特徴を備えている．高感度形のものもあり，直流から高周波までの周波数帯で広く用いられている．現在では，電子電圧計と同様な特徴のほかに，取扱いが便利な**デジタル電圧計**が一般用から高精度用まで，広く用いられている．また，用途によってはブラウン管オシロスコープを用いて電圧を観測しながら測定することも行われている．

6-3 電位差計による測定

電位差計（potentiometer）は零位法により電圧を精密に測定する装置であり，測定電圧を既知の可変電圧と比較し，回路の平衡をとって測定する．平衡したときは，被測定回路からエネルギをとらないため負荷効果は 0 となる．正確さは標準電圧の正確さまで，また感度は平衡検出器の感度まで向上させることができるなどの特徴がある．

電位差計は電圧の**精密測定**のほかに，電流や抵抗の精密測定ができる．また精密級の電位差計を用いれば，電流計や電圧計の**校正**ができる．

電位差計には直流電位差計と交流電位差計とがある．直流電位差計はそれ自体

電圧の測定に用いられることは少なく，その原理は記録計を始め各種の測定装置に広く応用されている．交流のばあいの平衡は，電圧の大きさのほかに周波数，波形，位相などを一致させる必要がある．また交流電位差計では，直流のばあいの標準電圧に相当する電圧基準がないので，測定精度は直流電位差計より劣る．

6-3-1 直流電位差計

図 6-2 に直流電位差計の構成概要を示す．図において，まず電池 B で一様な抵抗線 ab に動作電流 I を流す．スイッチ K を標準電池 V_S 側に倒し，接点 p を移動して検流計 G で平衡をとり，G の振れが 0 となる点を c とする．ac 間の抵抗を R_S とすれば，

$$V_S = IR_S \quad (6\text{-}1)$$

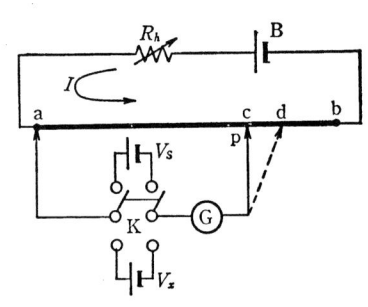

図 6-2 直流電位差計の基本構成

となる．次に K を被測定電圧 V_x 側に切換え，接点を調整して平衡をとり d 点で平衡したとする．ad 間の抵抗を R_x とすれば，

$$V_x = IR_x \quad (6\text{-}2)$$

となる．式 (6-1) と式 (6-2) からつぎの関係がなりたつ．

$$V_x = \frac{R_x}{R_S} V_S \quad (6\text{-}3)$$

これより未知電圧 V_x は標準電池の起電力と抵抗の比から知ることができる．抵抗の比は最も正確に測定できるから，電圧の比較測定法としては最も高い精度が得られる．

直流電位差計は，電位差を設定する回路の抵抗値によって**低抵抗形**と**高抵抗形**に分類される．低抵抗形は ab 間の抵抗が 100 Ω 程度，動作電流 I が 20 mA 程度と大きいので，I を長時間一定に保つことが困難であること，高抵抗形と比べて接触抵抗の影響が大きい欠点がある．しかし感度が高く，動作電流が大きいので漏れ電流の影響が少ない特徴がある．高抵抗形は 10000 Ω 程度の巻線抵抗だけで構成され，I は 0.1 mA 程度である．したがって I を長時間一定にする

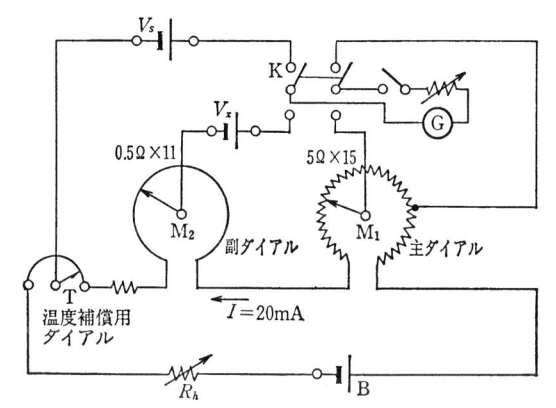

図 6–3 低抵抗形電位差計の主要回路部

ことは容易であり，使いやすいが低抵抗形と比べて漏れ電流による誤差の影響が大きく，また価格も低抵抗形より高価である．

図 6-3 に低抵抗形電位差計の主要部分を示す．M_1, M_2 は図 6-2 の ab 間の抵抗に相当する．M_1 は 5 Ω の巻線抵抗 15 個で構成されている．M_2 は一巻きが 0.5 Ω のすべり抵抗が螺旋状に 11 回巻かれていて，円周には 200 等分の目盛が施されている．T は標準電池の起電力の温度補正用のダイアルである．

動作電流 I は 20 mA に調整されているので，M_1 の 1 ステップは 0.1 V に，M_2 の 1 目盛は 0.05 mV に相当する．また，このばあいの最大測定電圧は 1.61 V となる．

なお，動作電流を 2 mA，0.2 mA に切換えて最大測定電圧を 0.161 V，0.0161 V とすることもできる．

図 6-4 に高抵抗形電位差計の代表的な例を示す．オットーウォルフ形 (Otto-

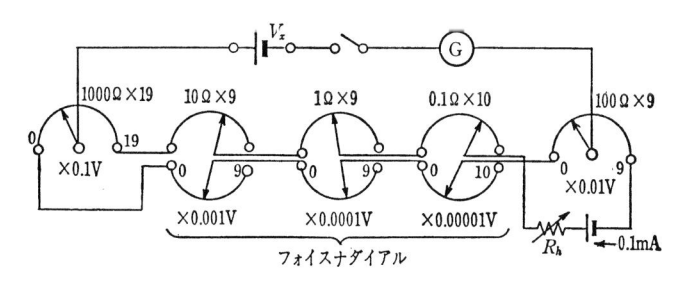

図 6-4 オットーウォルフ形電位差計

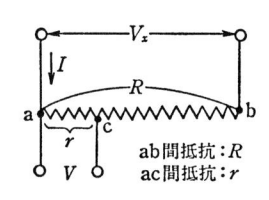

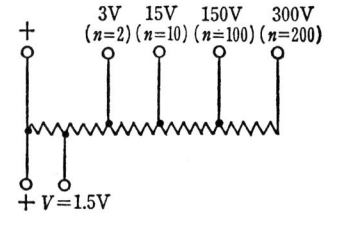

```
        3V    15V   150V   300V
       (n=2)(n=10)(n=100)(n=200)
```

(a) 分圧器による測定の原理　　(b) 分圧器の一例

図 6-5 電位差計用分圧器

Wolff type) とよばれ，**フォイスナ** (Feussner) 式複合ダイアルが用いられている．全抵抗が $20\,\text{k}\Omega$，動作電流 $I=0.1\,\text{mA}$ になるように設計されているので，$0.01\,\text{mV}$ のステップで最大 $2\,\text{V}$ まで測定できる．

電位差計で直接測定できる電圧は，電池 B の電圧より低い $1.6\sim 2\,\text{V}$ 程度のものが多い．これ以上の電圧の測定には 図 6-5 に示すような**分圧器**を用いて測定範囲を拡大する．同図(a)において，ab 間の高抵抗 R に被測定電圧 V_x を加え，ac 間の r の部分の電圧降下 V を電位差計で測定すれば，V_x は次式から求められる．

$$I=\frac{V_x}{R}, \qquad V=Ir=\frac{r}{R}V_x$$

$$\therefore\ V_x=\frac{R}{r}V \tag{6-4}$$

$R/r=n$ は分圧器の倍率とよばれている．同図(b)に分圧器の実用例を示す．ただし，このような分圧器を用いると V_x から電流をとることになり，電位差計の利点の一つが失われる．

標準電池にはウエストン電池が用いられるが，**ツェナーダイオード**で構成された定電圧装置も用いられている．

電位差計の代わりに，**標準電圧発生装置**を用いれば零位法により最も容易に電圧の測定ができる．図 6-6 にその原理を示す．標準電圧発生装置のダイアルを調整して検流計の指示値が 0 になるように平衡をとるだけで，測定電圧 V_x を測定することができる．このとき，回路には電流が流れていないから，測定電圧源

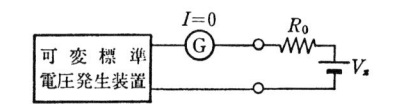

図 6-6 可変標準電圧発生装置を用いた電位差計

の内部抵抗や配線の抵抗などの影響を受けずに，標準電圧発生装置がもつ精度で測定ができる．

6-3-2 電位差計の応用

(a) 電流の精密測定と電流計の校正 図 6-7 (a) において，既知抵抗 R に被測定電流 I を流し，この電圧降下 $V=IR$ を電位差計で測定すれば，電流 I は次式から求められる．

$$I = \frac{V}{R} \tag{6-5}$$

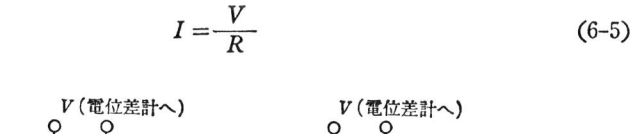

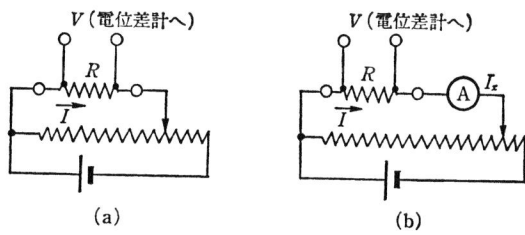

図 6-7 電流の測定と電流計の校正法

同図(b)に示すように，電流計を標準抵抗 R と直列に接続して電流 I を流し，このときの電流計の指示値を I_x とする．つぎに R の電圧降下 $V=IR$ を電位差計で測定すれば，電流の真値は $I=V/R$ で求められる．これより，電流計の誤差率 ε および補正率 α は次式のようになる．

$$\varepsilon = \frac{I_x - I}{I} \times 100 \,[\%], \quad \alpha = \frac{I - I_x}{I_x} \times 100 \,[\%] \tag{6-6}$$

(b) 電圧計の校正 電位差計と分圧器を組合わせて測定した電圧の値は真値とみなされる．電位差計での測定値を V，電圧計での測定値を V_x とすると，電圧計の誤差率 ε および補正率 α は次式のようになる．

$$\varepsilon = \frac{V_x - V}{V} \times 100 \,[\%], \quad \alpha = \frac{V - V_x}{V_x} \times 100 \,[\%] \tag{6-7}$$

6-3-3 交流電位差計

交流電位差計には，極座標式と直角座標式とがある．両者ともに電圧の大きさ

と位相を求めることができるが，直流電位差計と比較して測定精度が低く，また操作に手数がかかるので現在では次第に用いられなくなった．

図 6-8 にラーセン形とよばれる直角座標式の原理を示す．平衡時の測定電圧 V_x および位相 φ は次式から求められる．

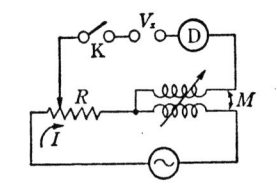

図 6-8 ラーセン形交流電位差計

$$V_x = \sqrt{R^2+(\omega M)^2}\, I, \qquad \varphi = \tan^{-1}(\omega M/R) \tag{6-8}$$

6-4 特殊電流，電圧の測定

6-4-1 導体電流の測定

導体中を流れている電流を，回路を切断しないでそのままの状態で測定するにはつぎのような方法を用いる．

（a） 直流電流　図 6-9 に示すように，抵抗 r の変化に対して電池からの補助電流が i_1, i_2 のとき，ミリボルト計の読みをそれぞれ V_1, V_2 とし，その端子間の導体抵抗を R とすれば，

$$\left.\begin{array}{l}(I+i_1)R = V_1 \\ (I+i_2)R = V_2\end{array}\right\} \tag{6-9}$$

がなりたつ．これより R を消去すれば，I は次式から計算によって求められる．

$$I = \frac{i_1 V_2 - i_2 V_1}{V_1 - V_2} \tag{6-10}$$

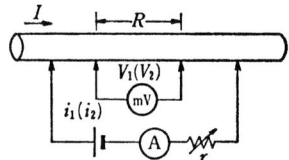

図 6-9 導体電流の測定

（b） 交流電流　図 6-10 に示すように，変流器の原理を応用したフック形（hook on type）架線電流計が用いられる．図において，変流器のフック部で磁路を開き，測定電流の流れている導体をこの中に挿入してから磁路を閉じれば，2次側巻線には，1次の導体電流に比例した大きさの交流電圧が発生する．これを整

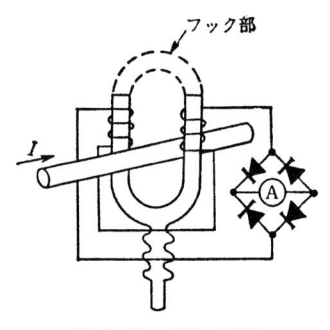

図 6-10 架線電流計

流して直流電流計で指示させる計器である．また鉄心が U 字形でフック部がない簡易形のものもあり，架線の挿入は簡単であるが挿入位置により誤差が大きくなる欠点がある．

6-4-2 衝撃電流の測定

衝撃電流は急峻な波形で始まる短時間の現象であり，波高値と波形の測定が重要である．このような電流は一般の指示計器などでは測定できない．波高値と波形を正確に知るためには，時定数の小さい分流器に電流を流し，その電圧降下をブラウン管オシログラフやメモリスコープなどで測定する．

送電線の異常電圧や野外の雷電流を多くの地点で測定したいばあいは，波高値のみが簡単に測定できる**磁鋼片**（magnetic link）法を用いる．

磁鋼片は，残留磁気の大きな，長さ数 cm の薄板を絶縁して重ね，円筒形の絶縁容器におさめたものである．これを図 6-11 (a) に示すように，磁鋼片を衝撃電流 I の流れる導体から距離 r の位置に磁界の方向に沿って置くと，磁鋼片は，

$$H=\frac{I}{2\pi r} \tag{6-11}$$

なる磁界によって磁化され，電流の波高値は残留磁気となって残る．その残留磁気を測定すれば波高値を求めることができる．

残留磁気の大きさと極性は，同図(b)の測定装置の孔 A に磁鋼片を挿入し，磁針の振れから求めることができる．なお，孔 B は測定感度を変えるためのものである．

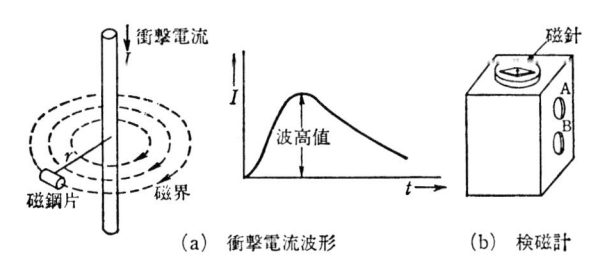

(a) 衝撃電流波形 　　(b) 検磁計

図 **6-11** 磁鋼片による衝撃電流の測定

6-4-3 電圧波高値の測定

絶縁耐力は交流の波高値できまるので，この観点から交流の高電圧では実効値よりも波高値の測定が重要である．波高値の測定にはつぎの方法がある．

（a） コンデンサの充電電流を用いる方法 コンデンサの充電電流の測定から交流の**波高値**を求めることができる．図 6-12 にその測定回路を示す．図において，コンデンサ C の充電電流 i の平均値 I_m を直流電流計Aで測定する．周波数を f，未知電圧を v とすれば，次式から交流電圧の波高値 V_m を求めることができる．

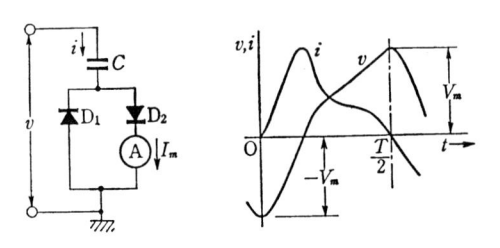

図 6-12 電圧波高値の測定

$$i = C\frac{dv}{dt}, \quad I_m = \frac{1}{T}\int_0^{T/2} i\,dt = 2fCV_m$$

$$\therefore\ V_m = \frac{I_m}{2fC} \tag{6-12}$$

（b） 球ギャップによる方法 球ギャップ (sphere gap) は互いに絶縁された2個の金属球を空気中にむかい合わせておいたものである．両球間に正弦波交流の高電圧を加えたとき，その放電電圧は，およそ波高値できまるので，放電電圧を測定すれば波高値を求めることができる．また，この方法は波高値の測定以外に，衝撃電圧や直流高電圧などの測定にも使用される．

商用周波では，JIS C 1001 において直径 D が 2～200 cm の 12 種類の標準球をきめ，それぞれの球について，ギャップ l に対する放電電圧 V_s の関係を規定している．放電電圧は温度や気圧の影響によって多少変化するので，標準状態 (760 mm Hg, 20°C) からこれらが変化しているばあいは，補正の必要がある．

また，同じ直径の球を使用しても，両球を大地から絶縁したばあいと1球のみを接地したばあいとでは放電電圧が異なる値を示す．

第6章 問　　題

（1）つぎの電流を測定するのに適当な測定器を示せ．
　（a）直　　流　10^{-10}A，10^{-7}A，10^{-5}A，10^{-2}A，10A，10^3A
　（b）商用周波　10^{-3}A，10^{-1}A，1A，10A，100A
　（c）可聴周波　10^{-2}A，1A，10A
　（d）高 周 波　10^{-1}A，1A，10A
（2）つぎの電圧を測定するのに適当な測定器を示せ．
　（a）直　　流　10^{-6}V，10^{-3}V，1V，10^3V，10^5V
　（b）商用周波　10^{-3}V，1V，10V，10^3，10^5V
　（c）可聴周波　10^{-6}V，10^{-2}V，1V，10^3V
　（d）高 周 波　10^{-1}V，1V，10V
（3）大電流の測定に分流器が使用できない理由を述べよ．
（4）直流電位差計の動作原理を説明し，精密測定に適する理由を述べよ．
（5）直流電位差計の測定電圧は 2V 程度である．これを用いて 150V の電圧計を校正する方法を述べよ．
（6）直流電位差計を用いて電流計を校正する方法を述べよ．
（7）図 6-9 に示す導体電流の測定において，r に流れる電流を 1A としたときの電圧降下は 107.1mV，また 2A のとき 109.2mV であった．導体電流を求めよ．
（8）雷電流測定法を述べよ．
（9）コンデンサの充電電流を測定して電圧の波高値を求める方法を述べよ．

第7章 電力の測定

7-1 直流電力の測定

7-1-1 電圧計,電流計による測定

直流電力 P は,負荷電圧 V を電圧計で,負荷電流 I を電流計で測定すれば,$P=VI$ より計算によって求めることができる.図 7-1(a),(b)に測定回路を示す.図(a)では電流計の損失 I^2R_a が,また,図(b)では電圧計の損失 V^2/R_v が VI に含まれ誤差となる.ただし,R_a は電流計の抵抗,R_v は電圧計の抵抗である.したがって,正確な測定を行うには次式で示す補正が必要となる.

$$\left.\begin{array}{ll}\text{図(a)のばあい} & P=VI-I^2R_a \\ \text{図(b)のばあい} & P=VI-\dfrac{V^2}{R_v}\end{array}\right\} \tag{7-1}$$

このことにより,R が大きく I が小さいときは,図(a)のように電圧計を電

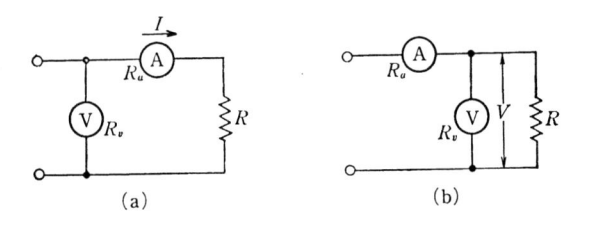

図 7-1 電圧計,電流計による直流電力の測定

源側に接続し，また，逆のときは図(b)のように電圧計を負荷側に接続すれば，V, I の積のみで近似度の高い電力の測定ができる．

7-1-2 電力計による測定

電力計としては主に電流力計計器が用いられる．2-3-2 で述べたように，原理上，電圧コイルと電流コイルの損失によって誤差を生じる．使用にあたっては誤差の少ない接続法を選ぶ必要がある．

7-2 交流電力の測定

7-2-1 単相電力の測定

交流回路では，電圧，電流の実効値をそれぞれ V, I とし，位相角を φ とすれば，電力 P は $VI\cos\varphi$ として求められる．

（a）電流力計計器による測定　商用周波数の電力計としては，動作原理上，直流と交流で指示値の等しい電流力計計器が用いられる．

（b）三電流計法，三電圧計法　電力計を用いずに，3個の電流計 あるいは 3個の電圧計を用いて交流電力を測定する方法がある．それぞれ**三電流計法，三電圧計法**とよばれ，小電力や高周波電力の測定に用いられる．図 7-2 (a), (b) に接続図を示す．

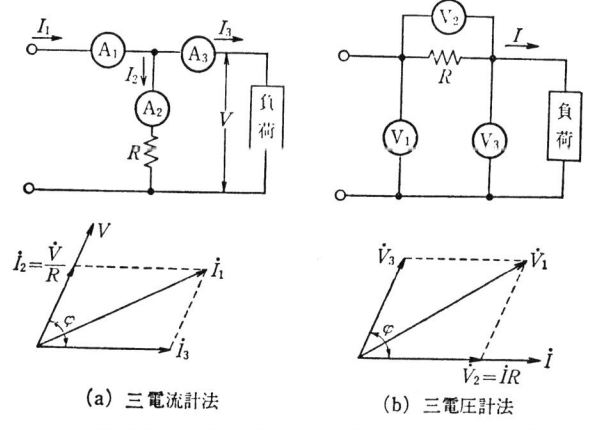

(a) 三電流計法　　(b) 三電圧計法

図 7-2　三電流計法と三電圧計法による電力測定

図(a)において,3個の電流計の指示値をそれぞれ,I_1, I_2, I_3とし,また,既知抵抗を R とすれば,ベクトル図からつぎの関係がなりたつ.

$$I_1^2 = I_2^2 + I_3^2 - 2I_2I_3\cos(\pi-\varphi)$$
$$= I_2^2 + I_3^2 + 2I_2I_3\cos\varphi \tag{7-2}$$

一方,負荷で消費される電力は,

$$P = VI_3\cos\varphi = RI_2I_3\cos\varphi$$
$$= \frac{R}{2}(I_1^2 - I_2^2 - I_3^2) \tag{7-3}$$

同図(b)において,3個の電圧計の指示値をそれぞれ V_1, V_2, V_3 とすれば,三電流計法のばあいと同様にして,電力を求めることができる.

$$V_1^2 = V_2^2 + V_3^2 - 2V_2V_3\cos(\pi-\varphi)$$
$$= V_2^2 + V_3^2 + 2V_2V_3\cos\varphi \tag{7-4}$$

これより負荷で消費される電力は,

$$P = V_3 I\cos\varphi = V_3\frac{V_2}{R}\cos\varphi$$
$$= \frac{1}{2R}\left(V_1^2 - V_2^2 - V_3^2\right) \tag{7-5}$$

7-2-2 多相電力の測定

(a) **ブロンデルの法則** 一般に,n 線式の多相交流回路の電力は $(n-1)$ 個の単相電力計の読みの代数和で測定できる.これを**ブロンデル** (Blondel) の法則という.

図 7-3 に示す n 相 n 線式の多相交流回路において,$(n-1)$ 個の単相電力計を用い,各電力計の電圧コイルの一端を共通にして第 n 相に接続すれば,このときの各電力の瞬時値 $p_1 \sim p_{n-1}$ の和は次式となる.

$$p = (v_1 - v_n)i_1 + (v_2 - v_n)i_2 + \cdots + (v_{n-1} - v_n)i_{n-1}$$

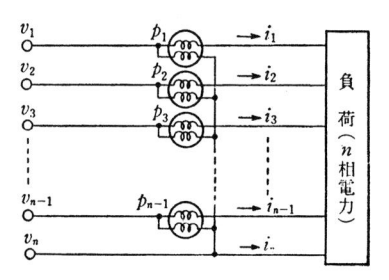

図 7-3 n 相 n 線式の電力測定

$$= v_1 i_1 + v_2 i_2 + \cdots + v_{n-1} i_{n-1}$$
$$- v_n (i_1 + i_2 + \cdots + i_{n-1}) \qquad (7\text{-}6)$$

一方，キルヒホッフの法則により，
$$i_1 + i_2 + \cdots + i_n = 0$$
$$\therefore \quad i_1 + i_2 + \cdots + i_{n-1} = -i_n$$

したがって，式 (7-6) は次式となる．
$$p = v_1 i_1 + v_2 i_2 + \cdots + v_{n-1} i_{n-1} + v_n i_n$$
$$= p_1 + p_2 + \cdots + p_n \qquad (7\text{-}7)$$

すなわち，この電力 p は多相回路の全電力の瞬時値を表している．したがって，$(n-1)$ 個の単相電力計によって全電力 P を測定することができる．

（b）二電力計法　　交流回路でよく用いられる三相三線式の電力は，ブロン

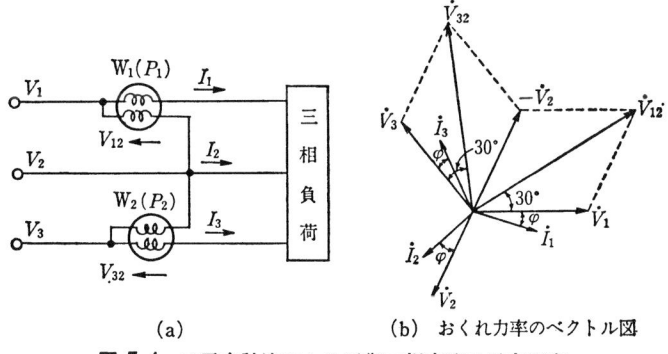

図 7-4　二電力計法による平衡三相交流の電力測定

デルの法則により 2 個の単相電力計を用いて測定することができる．この測定法を**二電力計法**(two-wattmeter method)という．図 7-4 にその接続を示す．図において，電力計 W_1, W_2 の指示値がそれぞれ P_1, P_2 のとき，三相の電力 P はそれらの代数和で表せる．

$$P = P_1 + P_2 \qquad (7\text{-}8)$$

この方法は，回路の平衡，不平衡にかかわらず適用できる特徴がある．また負荷の力率によって，一方の電力計の指示が負となるばあいは，その電力計の電圧コイルの極性を切換えて負の代数和として計算する．

対称三相平衡回路のばあい，電力計 W_1, W_2 の電圧回路に加わる電圧をそれぞれ V_{12}, V_{32}，電流回路の電流をそれぞれ I_1, I_3 とすれば，同図(b)のベクトル図から明かなように，P_1, P_2 は次式で表される．

$$P_1 = V_{12} I_1 \cos(30° + \varphi) \tag{7-9}$$

$$P_2 = V_{32} I_3 \cos(30° - \varphi) \tag{7-10}$$

上式で，$V_{12} = V_{32} = V_l$，$I_1 = I_3 = I_l$ とおき，P_1 と P_2 の和 P を求めると，

$$P = P_1 + P_2 = V_l I_l \cos(30° + \varphi) + V_l I_l \cos(30° - \varphi)$$

$$= \sqrt{3} V_l I_l \cos \varphi \tag{7-11}$$

となり，三相電力を与える．P_1 と P_2 の関係を図 7-5 に示す．$\varphi \geqq 60°$ で $P_1 \leqq 0$，すなわち，遅れ力率で $\cos \varphi = 0.5$（50 %）のとき，$P_1 = 0$ となり，これ以上力率が低くなると，$P_1 < 0$ となる．このとき，W_1 は逆に振れ，

$$P = P_2 - P_1 \tag{7-12}$$

となる．一方，進み力率の負荷のばあいは，力率が 50% 以下になると，$P_2 < 0$ となる．

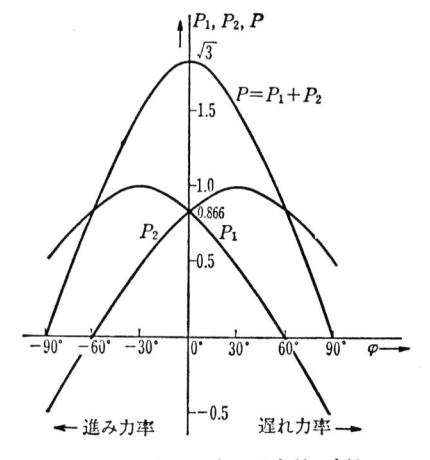

図 7-5 位相角に対する電力計の振れ

（c）三相電力計による測定

三相電力を直接測定するには，三相電力計を用いる．この計器の原理は二電力計法と同一であり，2個の単相電力計の可動コイルを共通の回転軸に取付けて一つの計器としたものである．指針はそれぞれのトルクの和で振れるので，三相電力が直読できる．

7-2-3 その他の電力計

（a）掛算方式を利用した電力計　交流電力は電圧，電流の瞬時値の積 $v \times i$ の1周期における平均値で与えられる．したがって，2乗特性をもつ素子を用いて，

7-2 交流電力の測定

$$(v+i)^2-(v-i)^2=4vi \qquad (7\text{-}13)$$

の演算を行わせることができれば，右辺は電力に比例するから，この平均値を直流計器で測定すれば電力を求めることができる．ここで2乗を得るために，熱電対の熱起電力を利用する**熱電変換法**の一例を 図 7-6 に示す．図において，v は PT の2次電圧であり負荷電圧に比例し，i は CT から得られる負荷電流に比例する電流である．$v+i$ と $v-i$ を熱線 T_1, T_2 に流せば，それぞれの熱電対には

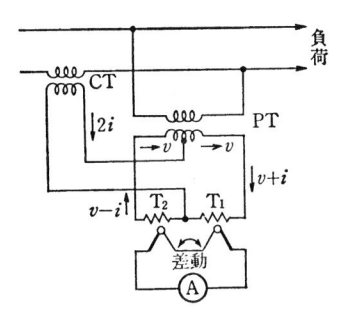

図 7-6 熱電変換法による電力の測定

その2乗に比例した熱起電力が生じる．熱電対の極性は逆方向に接続されているので，式 (7-13) の関係から，電流計 A の指示値は電力に比例する．

この方式は**小電力**や**高周波**の電力測定に用いられる．なお，2乗特性をもつ素子としては，熱電対以外にダイオードも用いられる．

（b） ホール効果形電力計　ホール効果形電力計は，ホール素子の起電力が磁束密度と電流の積に比例することを利用したものである．図 7-7 に測定原理を示す．負荷電流 I に比例する磁束密度 B をホール素子に加え，一方，負荷電圧 V に比例する電流 I_H を流せば，ホール起電力 V_H は，

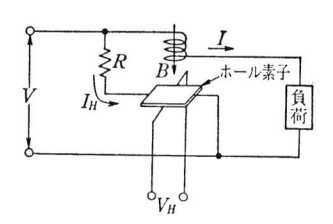

図 7-7 ホール素子を用いた電力測定

$$V_H=\frac{R_H B I_H}{t}=kVI \qquad (7\text{-}14)$$

となり電力に比例する．ここで，R_H, t, k は定数である．このとき，コイルのインダクタンスは負荷に比べて十分小さく，また，R は十分大きくとる必要がある．したがって，V_H を読めば電力の測定ができる．

（c） 時分割掛算方式による電力計　矩形パルス列の面積はその幅と高さの積で表される．この電力計は乗算の原理を応用した**時分割乗算器**を用いたものである．図 7-8（a）に構成概要を示す．v は負荷電圧に，また，i は負荷電流に

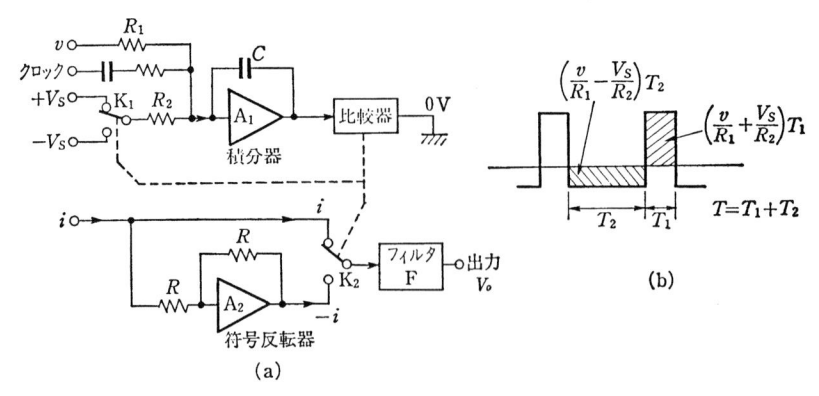

図 7-8 時分割掛算方式による電力の測定

比例したものであり，出力側に，入力 v と i の積に比例した電圧 V_o を取出す方式である．図(b)において，$T_1+T_2=T$ のとき，電子スイッチ K_1 は，

$$\left(\frac{v}{R_1}+\frac{V_S}{R_2}\right)T_1+\left(\frac{v}{R_1}-\frac{V_S}{R_2}\right)T_2=0 \quad (7\text{-}15)$$

の条件がなりたつように動作する．これより，

$$\frac{v}{V_S}=\frac{R_1}{R_2}\frac{T_2-T_1}{T} \quad (7\text{-}16)$$

となる．電子スイッチ K_2 は，K_1 と連動して i と $-i$ を切換えるためのものである．フィルタ F への入力は，

$$i\frac{T_2-T_1}{T}=\frac{vi}{V_S}\frac{R_2}{R_1} \quad (7\text{-}17)$$

となり，その出力電圧 V_o は電力に比例する．なお，デジタル電圧計と組合わせれば，V_o をデジタル表示することもできる．この電力計は商用周波数から 10 kHz 程度までの広い周波数範囲で高精度の電力測定ができる．

7-2-4 無効電力の測定

無効電力は，有効電力のように直接電気的な仕事をする電力ではないが，力率の計算や電力供給設備における計測や制御などでは重要な量である．

単相の正弦波交流では電圧，電流を V, I とし，位相角を φ とすれば，無効

7-2 交流電力の測定

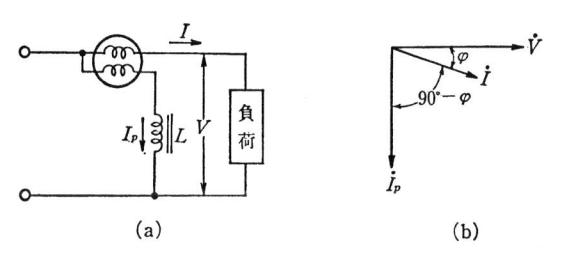

図 7-9 単相無効電力の測定

電力 P_r は次式で表せる.

$$P_r = VI \sin \varphi \tag{7-18}$$

無効電力を測定するには，図 7-9（a）のように，電力計の電圧コイルの直列抵抗の代わりにインダクタンス L を接続し，その電流 I_p が端子電圧 V より $90°$ の位相遅れをもつように調整すれば，同図（b）のベクトル図から指示値は I_p と I に比例するから，

$$VI \cos(90° - \varphi) = VI \sin \varphi = P_r \tag{7-19}$$

となる．これより無効電力を直接測定することができる．

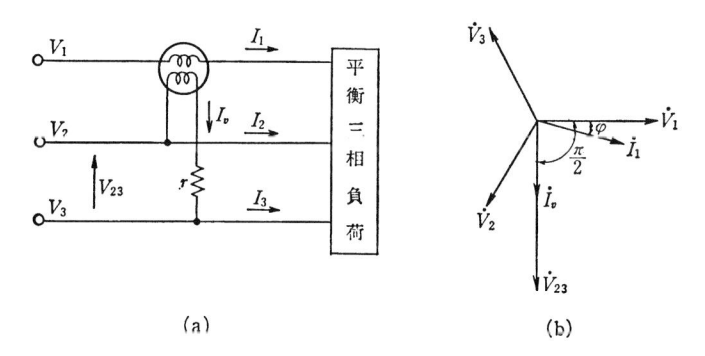

図 7-10 平衡三相回路の無効電力の測定

対称三相平衡回路のばあいは，単相電力計を図 7-10（a）のように接続して電圧コイルに V_{23} を加えれば，同図（b）より V_{23} は相電圧 V_1 より $90°$ 位相が遅れるので，計器の指示値 P_{r1} は，

$$P_{r1} = V_{23} I_1 \cos(90° - \varphi) = V_{23} I_1 \sin \varphi$$
$$= \sqrt{3} V_1 I_1 \sin \varphi \tag{7-20}$$

となる．したがって，全無効電力 P_r は，

$$P_r = \sqrt{3}\,P_{r1} = 3V_1 I_1 \sin\varphi \tag{7-21}$$

より求められる．

また，一般の三相不平衡回路の無効電力は，三相電力の測定のばあいと同様に2個の単相無効電力計を用いて測定できる（ブロンデルの法則）．

7-3 位相，力率の測定

7-3-1 指示計器による方法

位相，力率は電流 I，電圧 V，電力 P の測定値または，無効電力と皮相電力の測定値から計算によって間接的に求めることができる．

単相回路のばあい，

$$\cos\varphi = \frac{P}{VI} \tag{7-22}$$

平衡三相回路のばあいは，線間電圧 V_l，線電流 I_l，電力 P_1, P_2 とすれば，

$$\cos\varphi = \frac{P_1 + P_2}{\sqrt{3}\,V_l I_l} = \frac{P_1 + P_2}{2\sqrt{P_1^2 + P_2^2 - P_1 P_2}} \tag{7-23}$$

となり，計算で求めることができる．そのほかに，三電流計法や三電圧計法によっても求められる．

また，位相角によって振れがきまる指示計器を用いれば，直接測定することができる．すなわち，振れをそのまま目盛れば位相計に，また，力率で目盛れば力率計となる．このための指示計器としては，従来，交叉コイルをもつ電流力計形などの比率計が用いられる．

7-3-2 電子式計測法

（a） リサジュー図形法　ブラウン管オシログラフの水平と垂直偏向板に，それぞれ位相の異なる電圧を加えると，ブラウン管面の輝点が偏位して図 7-11 (a) のような静止図形が現れる．これを**リサジュー** (Lissajous) **図形**という．この図形を用いれば，両正弦波電圧間の位相を容易に決定できる．水平，垂直偏向板に加える電圧をそれぞれ $v_x = V_m \sin\omega t$，$v_y = V_m \sin(\omega t + \varphi)$ とし，v_x, v_y

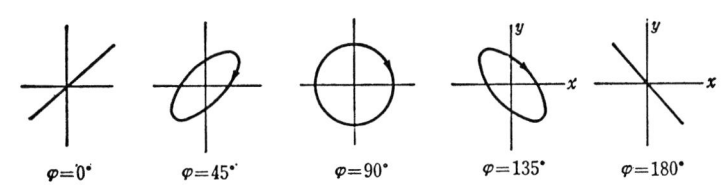

(a) 周波数が等しく水平軸・垂直軸の電圧が等しいばあい

(b)

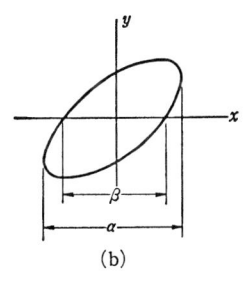

図 7-11 リサジュー図形による位相の測定

に比例する輝点の偏位を x, y とすれば,

$$x = a \sin \omega t, \qquad y = a \sin(\omega t + \varphi) \tag{7-24}$$

となる.これから ωt を消去すれば,

$$x^2 - 2xy \cos \varphi + y^2 = (a \sin \varphi)^2 \tag{7-25}$$

となり,**だ円の方程式**となる.図 7-11(b)のようなリサジュー図形が得られたばあいの位相差は,

$$\sin \varphi = \frac{\beta}{\alpha} \tag{7-26}$$

より求められる.なお,この方法は手軽に行えるが精度は悪く,また波形が正弦波以外では誤差を生じる欠点がある.非正弦波の位相測定はつぎに述べる方形波法が適している.

(b) 方形波法 図 7-12(a)に方形波法の回路構成を示す.同図(b)のように,位相差のある二つの波形を振幅の等しい方形波に整形する.つぎに,これらを微分し整流してトリガパルスを作る.一方の v_1'' を始動パルス,他方の v_2'' を停止パルスとしてフリップフロップ回路を駆動すれば,出力にはその時間間隔 τ に比例した方形波 v_{pt} が得られ,τ は位相差 φ に等しい.v_{pt} の振幅を一定とし,k を比例係数とすれば,出力の平均値 v_0 は,

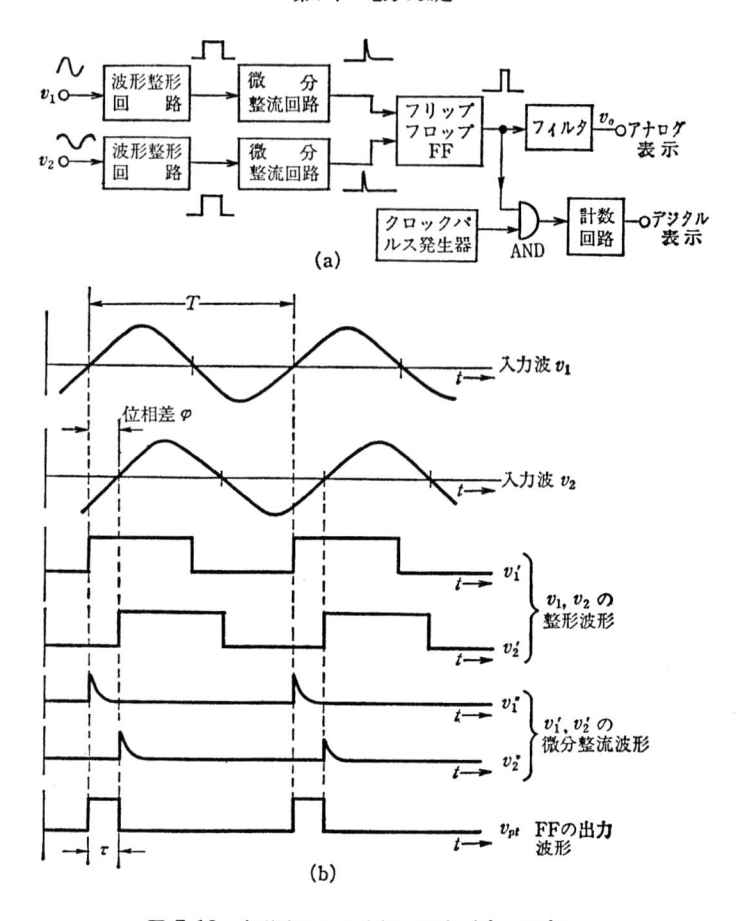

図 7-12 方形波による位相の測定 (0°～360°)

$$v_o = \frac{\tau}{T} v_{pt} = k\varphi \tag{7-27}$$

となり，位相差 φ に比例する．これより，0～360°にわたる位相差を測定することができる．また，フリップフロップの出力をゲートに用い，ここを通過するクロックパルスを計数すれば，デジタル式の位相計となる．

第7章 問　題

(1) 図 7-1(a), (b) に示す測定回路で, 直流電力を測定するばあい, いかなる誤差が含まれるか述べよ. ただし電流計, 電圧計の内部抵抗をそれぞれ R_a, R_v とする.

(2) 図 7-1(b) の回路で直流電力を測定するばあい, 電流計, 電圧計の指示値がそれぞれ 8 A, 110 V であった. 抵抗で消費される電力を求めよ.
　　ただし電圧計の内部抵抗を $R_v = 1000\,\Omega$ とする.

(3) 図 7-2(a) において電流計 A_1, A_2, A_3 の指示値が $I_1 = 15$ A, $I_2 = 10$ A, $I_3 = 8$ A で, $R = 30\,\Omega$ のとき, 負荷の消費電力を求めよ.

(4) 図 7-2(b) において電圧計 V_1, V_2, V_3 の指示値が $V_1 = 150$ V, $V_2 = 100$ V, $V_3 = 80$ V で, $R = 40\,\Omega$ のとき, 負荷の消費電力を求めよ.

(5) 二電力計法で平衡三相電力を測定するとき, 二つの電力計の指示値をそれぞれ, P_1, P_2 とすれば負荷の消費電力 P は,
　　　　$\cos\varphi > 0.5,\quad P = P_1 + P_2$
　　　　$\cos\varphi < 0.5,\quad P = P_1 - P_2$
で表されることを証明せよ.

(6) 二電力計法で平衡三相電力を測定するばあい, それぞれの電力計の指示値 P_1, P_2 が,
　　　(a) $P_1 = P_2$,　(b) $P_1 = 2P_2$,　(c) $P_1 \neq 0$, $P_2 = 0$
　　であるとき, それぞれのばあいの力率を求めよ.

第8章　抵抗，インピーダンスの測定

8-1　電気抵抗の測定

電気抵抗は電気回路で最も基本的な要素の一つであり，その性質，形状，大きさなどは多種多様である．したがって，測定においてはこれらの多くの測定対象と，その目的に応じて適切な測定法を選ぶ必要がある．測定法を大別すると，**電圧電流計法**と**ブリッジ法**とになる．

8-1-1　中位抵抗の測定

（**a**）**電圧電流計法**　1～100 kΩ 程度の 比較的測定しやすい抵抗を，取扱いの便宜から中位抵抗とよぶ．図 8-1 に示すように，未知抵抗 R_x に流れる電流 I とその電圧降下 V を，電流計と電圧計で測定し計算で求める方法である．

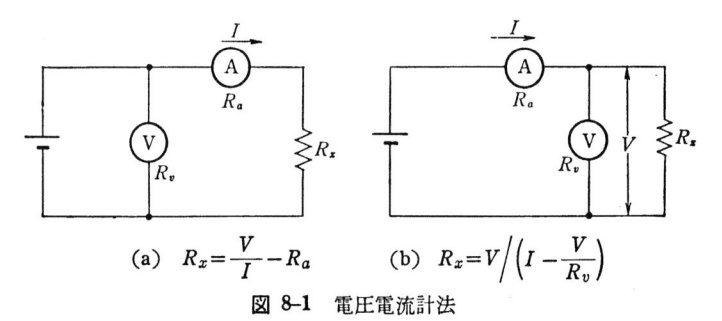

(a) $R_x = \dfrac{V}{I} - R_a$　　(b) $R_x = V \Big/ \left(I - \dfrac{V}{R_v} \right)$

図 8-1　電圧電流計法

簡単で実用的であるため,高い精度を要しないばあいは,しばしば用いられる.

正確な値を求めるばあいは,電流計と電圧計の抵抗 R_a, R_v による誤差を計算で補正する.

図(a)の接続法では,
$$R_x = \frac{V}{I} - R_a \tag{8-1}$$

図(b)の接続法では,
$$R_x = \frac{V}{I - (V/R_v)} \tag{8-2}$$

R_x が大きいときは図(a),小さいときは図(b)で測定すれば,補正は小さくなり,よい近似値が得られ,無視できることもある.

(b) ブリッジ法 抵抗を正確に測定するには,図8-2に示す**ホイートストンブリッジ**(Wheatstone bridge)が広く用いられる.検流計 G の電流 $I_g = 0$ となったとき,bc 間の電位差 $V_{bc} = 0$ となる.このときブリッジは平衡したといい,つぎの関係がなりたつ.

$$I_P = I_Q, \qquad I_R = I_X,$$
$$\therefore PI_P = RI_R, \qquad QI_Q = XI_X$$

これより,ブリッジの平衡条件は,
$$PX = RQ \quad \therefore \quad X = (Q/P)R \tag{8-3}$$

となる.すなわち,Q/P の比と R の値がわかれば未知抵抗 X を求めることができる.P と Q は**比例辺**(ratio arm)とよばれ,普通,Q/P を 10 の整数べき乗とし,0.01,0.1,1,10,100 などと変化する値にすることが多い.一方,R は桁数を多く変化できる抵抗で,**加減抵抗辺**(rheostat arm)という.

P, Q および R の値の調整には,**プラグ形とブラシ形**がある.図8-3はプラグ形,図8-4はブラシ形の例である.

R の値はブリッジの平衡をとるために微細な調整

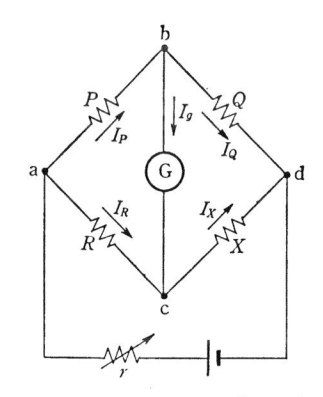

図 8-2 ホイートストンブリッジ

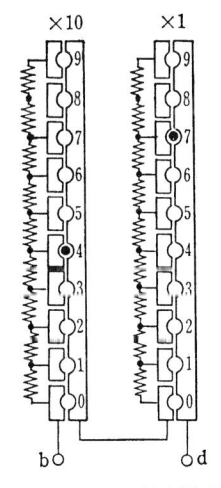

図 8-3 プラグ形加減抵抗器の例
(b-d 間抵抗は 47 Ω)

が必要になることから，普通，1Ωの歩みで1Ω〜11111Ωまで変化できる値にしてある．しかし，Rの変化は連続的でなく，微調整にも限度があり，完全に平衡がとれないことがある．このときのRの真値は**補間法**を用いて計算により求めることができる．すなわち，$I_0 \neq 0$ で平衡点からの振れが小さい範囲では，振れの大きさはRの真値からのずれにほぼ比例するものとみなされるので，たとえば，$R=R_1$ のときの検流計の振れを $-d_1$，つぎに，$R=R_1+\Delta R$ のとき検流計の振れが0を通過して $+d_2$ となったとき，ブリッジの平衡する抵抗Rは次式から求められる．

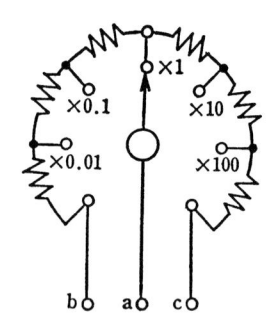

図 8-4 ブラシ形比例辺抵抗器の例（$Q/P=1$）

$$R = R_1 + \frac{\Delta R}{d_1 + d_2} d_1 \tag{8-4}$$

ブリッジによる抵抗の測定法では，平衡をとるのに手数がかかり，特別な測定技術を要するが，電源電圧の大きさは平衡条件には関係がないので，電源電圧の変動には影響されず，精密な測定ができる特徴がある．最近ではブリッジの代わりに，デジタル計器を用いて，抵抗の精密測定が手軽にできるようになったが，ブリッジの測定原理は抵抗の測定以外にいろいろの測定，制御系に広く用いられている．

（c）電位差計法 図8-5に示すように，既知の標準抵抗 R_S と未知抵抗 R_x を直列に接続して電流Iを流す．それぞれの抵抗の電圧降下 $V_S=IR_S$，$V_x=IR_x$ を電位差計で測定すれば，R_x は次式から求められる．

$$R_x = \frac{V_x}{V_S} R_S \tag{8-5}$$

この方法は電位差計の応用の一例であり，抵抗の**精密測定**ができる．ただし，測定中に電流Iが変化すると誤差の原因となるので注意を要する．

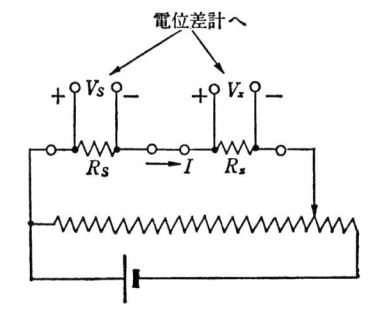

図 8-5

8-1 電気抵抗の測定

（d）電流平衡法　図8-6に示すように，定電圧回路から既知の可変電圧 V_1, V_2 を設定し，電流 I_1, I_2 を逆方向に流したとき，電流計が0を示せば，I_1 と I_2 は大きさは等しく，$I_1 = V_1/R_1$，$I_2 = V_2/R_2$ となる．これより，

$$\frac{R_1}{R_2} = \frac{V_1}{V_2} \tag{8-6}$$

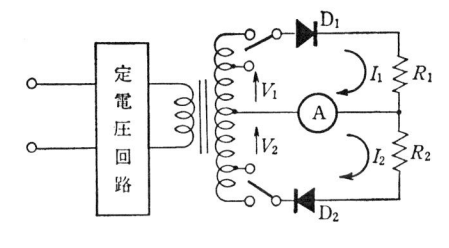

図 8-6　電流平衡法

したがって，一方の抵抗の値を既知の標準とすれば他方の値が求まる．

8-1-2 低抵抗の測定

金属導線などのように 1Ω 程度以下の**低抵抗**を，普通のホイートストンブリッジで測定しようとすると，接続導線の抵抗や接続箇所の接触抵抗などのわずかな抵抗や熱起電力などが誤差の原因となる．したがって，低抵抗の測定においては，これらの影響が最小となるように測定法を工夫することが必要である．

（a）電位降下法　通常の電圧電流計法と原理は同じであるが，導線抵抗の影響を取除くため，標準抵抗器の構造のように，被測定抵抗に**電流端子**と**電圧端子**を設けて電流，電圧を測定する．図 8-7 に示すように，接続導線の抵抗 r_{c1}, r_{c2} は回路に入るが，$R_v \gg r_{p1}, r_{p2}$ となり，電圧計の読みは十分 $V = IR$ となる．これより，未知抵抗は $R = V/I$ で求められる．

図 8-8 はこの方法による低抵抗の測定回路の一例である．c_1, c_2 から電流 I を流し，p_1, p_2 間の抵抗 R の電圧降下 V をミリボルト計または，電位差計で測定すれば，未知抵抗 R は次式から求められる．

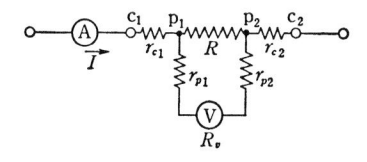

図 8-7　低抵抗の測定原理（$R_v \gg r_{p1}, r_{p2}$）
　　c_1, c_2：電流端子，p_1, p_2：電圧端子

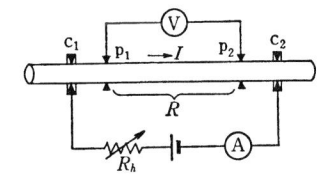

図 8-8　電位降下法による低抵抗の測定

$$R = \frac{V}{I} \tag{8-7}$$

（b） ホイートストンブリッジ法　普通のホイートストンブリッジで，測定法を工夫すれば低抵抗の測定ができる．図 8-9 に示すように，接続導線の抵抗 r を除去するために，未知抵抗 R_x に標準抵抗 R_S を接続し，スイッチ K の二度の切換え操作で平衡をとる．まず，K を 1 に入れて Q_1 で平衡がとれれば，

$$\frac{P}{Q_1} = \frac{R_S}{r + R_x} \tag{8-8}$$

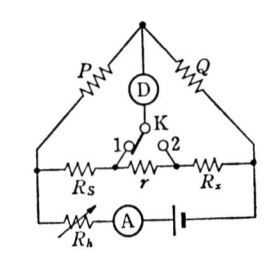

図 8-9　ホイートストンブリッジによる低抵抗の測定

つぎに，K を 2 に入れて Q_2 で平衡がとれれば，

$$\frac{P}{Q_2} = \frac{R_S + r}{R_x} \tag{8-9}$$

がなりたつ．両式より r を消去すれば，次式から未知抵抗 R が求まる．

$$R_x = \left(\frac{P + Q_1}{P + Q_2}\right) \frac{Q_2}{P} R_S \tag{8-10}$$

（c） ダブルブリッジ法　図 8-9 の方法では二度の平衡をとらなければならない．これを一度の平衡で求めるようにしたものが，**ダブルブリッジ** (double bridge) である．図 8-10 に示すように，接続線の抵抗を r とし，その両端に二つの抵抗 p と q を接続して△回路を構成した点が特徴である．回路の平衡をとれば，

$$\left. \begin{array}{l} PI_1 = R_S I_2 + p I_3 \\ Q I_1 = R_x I_2 + q I_3 \end{array} \right\} \tag{8-11}$$

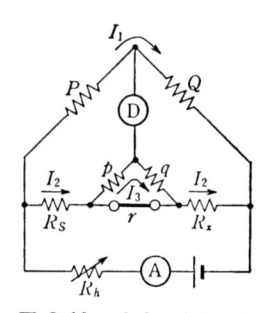

図 8-10　ダブルブリッジ

$$I_3 = \frac{r}{p + q + r} I_2 \tag{8-12}$$

となる．上式から I_1, I_2 を消去すれば，

$$\frac{P}{Q} = \frac{R_S + pr/(p + q + r)}{R_x + qr/(p + q + r)} \tag{8-13}$$

これより R_x を求めると,

$$R_x = \frac{Q}{P}R_S + \frac{pr}{p+q+r}\left(\frac{Q}{P}-\frac{q}{p}\right) \qquad (8\text{-}14)$$

となる. $Q/P=q/p$ の条件がなりたっているとすれば, 未知抵抗 R_x は r を含まない次式となる.

$$R_x = \frac{Q}{P}R_S \qquad (8\text{-}15)$$

実際の装置では, Q/P の比を変えても常に $Q/P=q/p$ の関係が保たれるようになっている. ダブルブリッジは, 低抵抗の測定には最適の計器であり, 10^{-4} Ω 程度でも精密に測定できる.

8-1-3 高抵抗の測定

これまでの測定法を用いて, 数百 kΩ 程度以上の**高抵抗**を測定しようとするばあい, 加える電圧を相当高くしても, 被測定抵抗中を流れる電流は微小である. そのため, 平衡の検出感度が十分とれず正確な測定がしにくい.

一方, 絶縁抵抗の測定では漏れ電流が測定値に影響を与えるので, これを取除くため測定回路に工夫が必要となる.

(a) **直偏法** 図 8-11 に測定回路を示す. スイッチKを切換えて標準高抵抗 R_S と未知抵抗 R_x に同じ直流電圧 V を加え, 検流計 G に流れる電流の大きさを比較して未知抵抗を求める方法である.

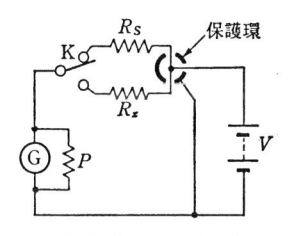

スイッチKを R_S 側に入れたとき, Gの振れと分流器 P の倍率をそれぞれ θ_S, m_S とし, R_x 側に入れたとき θ_x, m_x とすれば, R_x は次式から求められる.

図 8-11 直 偏 法

$$R_x = \frac{m_S \theta_S}{m_x \theta_x}R_S \qquad (8\text{-}16)$$

漏れ電流による測定誤差を防ぐために, 図示のように**保護環** (guard ring) を設け接地する.

(b) **コンデンサの充放電を利用する方法** この方法は, 図 8-12 に示すよ

うに被測定抵抗 R_x にコンデンサ C を直列に接続して，R_x を通して C に充電または放電する．放電のばあいは C の端子電圧がある値になるまでの時間を測って，これから R_x を求める．C の端子電圧 V_c の時間的変化，

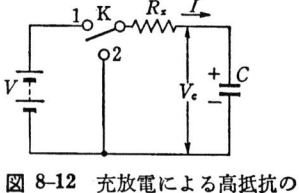

図 8-12 充放電による高抵抗の測定

$$V_c = Ve^{-t/CR_x}$$

より，R_x は次式となる．

$$R_x = \frac{t}{C \log_e(V/V_c)} = \frac{t}{2.3\, C \log_{10}(V/V_c)} \tag{8-17}$$

これより，V, V_c, t を測定すれば R_x を求めることができる．

この方法は，検流計では直接測定ができないような，高抵抗の測定に用いられる．また，測定精度を上げるために，C は漏れ電流，吸収電流の少ない特性のすぐれたコンデンサを用いる．

（c）絶縁抵抗計　電気機器や配線間などの絶縁抵抗の測定において，絶縁抵抗が直読できれば便利である．絶縁抵抗計は，このために作られた計器であり，古くから手回しの直流発電機を内蔵しているメガ（Megger，商品名）が広く用いられてきた．

現在では，電池式の絶縁抵抗計が多く用いられている．図 8-13 のように，手回し発電機の代わりに電池（6～12 V）を用い，この電圧を DC-AC 変換器で交流に変換し，これを変圧器で 100～2000 V の定格電圧に昇圧後，整流して直流

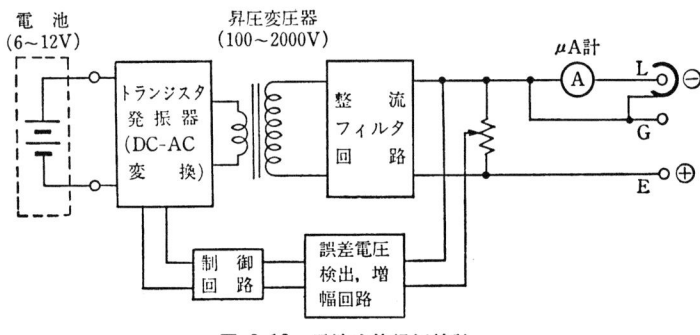

図 8-13 電池式絶縁抵抗計

電源としている．出力電圧は，帰還回路の基準電圧によって被測定抵抗に流れる電流の大小にかかわらず，常に一定になるように安定化されている．これより被測定抵抗に流れる電流を可動コイル形の μA 計で測定し，あらかじめ抵抗値で目盛った振れ角から絶縁抵抗が直読できるようになっている．

絶縁抵抗計には，表面の漏れ電流の影響を除くために，保護端子 G が設けてある．G は E 端子からの漏れ電流が μA 計に流入して誤差の原因になるのを防いでいる．

8-1-4 特殊抵抗の測定

（a） 電解液の抵抗測定　電解液の抵抗は，液体の濃度や温度によって異なり，また直流電流を流すと**電極表面**で**分極作用**を生じる．このため，抵抗値が見かけ上増加するだけで**なく**，不安定にもなり，正しい抵抗の測定はできない．この影響を避けるために，一般に，電解液の抵抗測定では，電源として低周波の交流が用いられる．また測定器は普通，**コールラウシュ** (Kohlaush) **ブリッジ**を使用する．図 8-14 に測定の原理を示す．試料を入れる容器はU字形のガラス管を，また電極板には表面に白金黒をつけた白金を用いている．ab, bc 間はすべり抵抗線であり，抵抗値はその長さ l_1, l_2 に比例している．接点 b を移動してブリッジの平衡をとれば，次式より R_x を求めることができる．

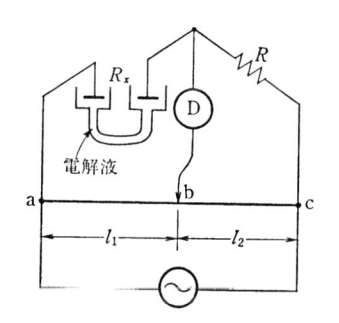

図 8-14　コールラウシュブリッジ

$$R_x = \frac{l_1}{l_2} R \tag{8-18}$$

電解液は抵抗値そのものにあまり意味はなく，普通は抵抗率を知りたいばあいが多い．このときは，同一の測定容器を用いて，抵抗率 ρ_S のわかっている標準電解液の抵抗 R_S を測定すれば，未知電解液の抵抗率 ρ_x は次式から求められる．

$$\rho_x = \frac{R_x}{R_S} \rho_S \tag{8-19}$$

電解液の抵抗の温度係数は大きいので，測定時には温度管理が重要である．

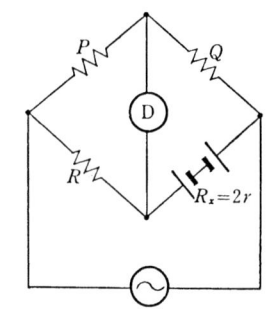

（b）電池の内部抵抗の測定 電池の内部抵抗の測定法には電圧計法と交流ブリッジを応用する方法とがある．

図 8-15 に電圧計法を示す．図においてスイッチ K を開いたときの電圧計の指示値を V_0，つぎに K を閉じて電池の電流を流したときの指示値を V とすれば，内部抵抗 r は次式から求めることができる．

$$r = \frac{V_0 - V}{V} R \tag{8-20}$$

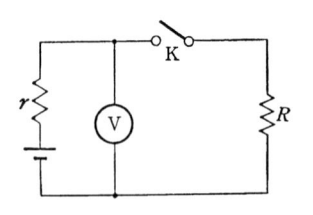

図 8-15 電圧計法による電池の内部抵抗の測定

この方法は，簡便であるが電池から電流を流すので，分極作用による誤差が大きい．測定を素早く行えば，この影響を少なくすることができる．

一般に，電圧計法は，分極作用の影響の小さい電池の内部抵抗の測定に用いられる．

図 8-16 に交流ブリッジを用いる方法を示す．同種の電池 2 個を逆極性に接続し，これをブリッジの 1 辺にしている．このようにすれば，電池からの直流電流を少なくすることができる．また，電池の内部抵抗を r とすれば，$R_x = 2r$ であり，平衡条件から，

$$r = \frac{Q}{2P} R \tag{8-21}$$

図 8-16 交流ブリッジによる電池の内部抵抗の測定

となる．したがって，測定結果の r は 2 個の平均値となる．

また，交流測定法でコールラウシュブリッジを用いるばあいは，図 8-14 の電解液の代わりに逆極性の 2 個の電池を挿入する．平衡条件から，r は次式で表せる．

$$r = \frac{l_1}{2 l_2} R \tag{8-22}$$

（c）接地抵抗の測定 電力の発送電諸設備をはじめ各種の電気機器は，人体や機器の安全と保安のために**接地**を必要とするものがある．その接地抵抗は，

8-1 電気抵抗の測定

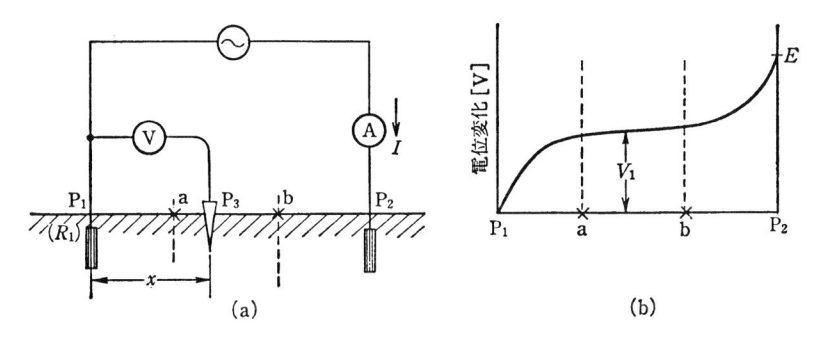

図 8-17 電圧電流計による接地抵抗の測定

ある値以下にきめられているので，その測定が必要になる．接地抵抗とは，接地電極を大地に埋設したとき，その電極と大地間で生ずる抵抗であり，液体抵抗と類似の性質をもっている．したがって，接地抵抗は分極作用の影響を除くため交流で測定する．

図 8-17(a) に測定の原理を示す．P_1 は測定しようとする接地抵抗 R_1 の電極であり，P_2, P_3 は測定のための補助接地電極である．P_1 と P_2 は 10 m 以上離して設置し，これに交流電流 I を流す．つぎに補助電極 P_3 を移動すれば，その距離 x に対する電位分布は同図(b)のように変化する．P_1 と P_2 の中間 (a, b 間) で V はほとんど変化がなく，平坦部分を生ずる．この電圧を V_1 とすれば，P_1 の接地抵抗 R_1 は次式で与えられる．

$$R_1 = \frac{V_1}{I} \tag{8-23}$$

接地抵抗を交流ブリッジで測定するばあい，種々の方法が用いられる．図 8-18 にその一例を示す．**ウィーヘルト**(Wiehert)**法**とよばれ，すべり線ブリッジを用いる．図において，スイッチ K を 1 側に入れて接触子の位置が c_1 で平衡したとすれば，

$$\frac{l_1+l_2}{R_1+R_2} = \frac{l_3}{R_S} \tag{8-24}$$

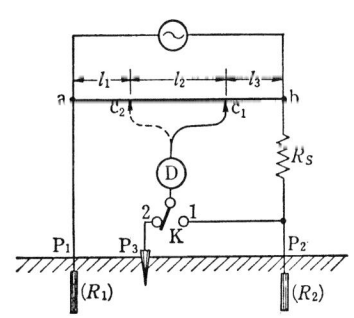

図 8-18 接地抵抗の測定
（ウィーヘルト法）

となる．つぎに，K を 2 側に入れて c_2 で平衡したとすれば，

$$\frac{l_2+l_3}{R_2+R_S}=\frac{l_1}{R_1} \tag{8-25}$$

となる．両式から P_1 の接地抵抗 R_1 が求まる．

$$R_1=\frac{l_1}{l_3}R_S \tag{8-26}$$

この方法の特徴は，P_3 の接地抵抗が測定結果に含まれないことである．

接地抵抗を簡単に測定できれば便利である．そのために，直読式の接地抵抗計が作られている．図 8-19 に電位差計の原理を応用した計器の原理を示す．

図において，磁石式交流発電機 D の回転により電流 I を接地板 E, C を通して流すと，EP 間に電圧 V_x が発生す

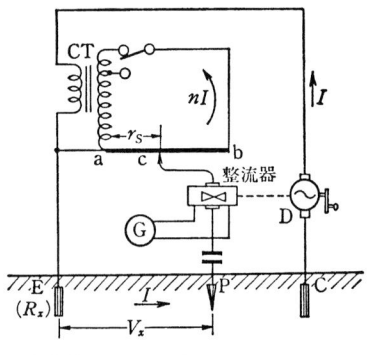

図 8-19 電位差計式接地抵抗計

る．一方，変流器 CT の 2 次側のすべり線抵抗に電流 nI を流し，r_S を調整して G の振れが 0 になるように平衡をとれば，すべり線 ac 間の電圧降下 nr_SI は V_x と等しくなる．ただし，n は変流器の変流比である．これより，接地抵抗 R_x は，

$$R_x=\frac{V_x}{I}=nr_S \tag{8-27}$$

となる．特に $n=1$ のときは $R_x=r_S$ となる．したがって，すべり線 ab に目盛を施しておけば，接地抵抗 R_x の値が直読できる．また，変流比を変えれば，測定範囲を変えることもできる．

（d） 板状絶縁物の抵抗測定　絶縁物に電圧を加えると，きわめて微弱な電流が流れる．この電流を検流計を用いて測定すれば，絶縁物の抵抗を求めることができる．

図 8-20 に厚さが一様で均質な板状絶縁物の抵抗測定法を示す．実際には絶縁材料の抵抗率が必要なことが多い．図において，絶縁物を P_1, P_2 の円板電極ではさみ，これに直流電圧を加えて流れる電流を検流計 G で測定し，計算によって絶縁抵抗値を求める．また，抵抗率はその体積から求められる．P_3 は絶縁物の

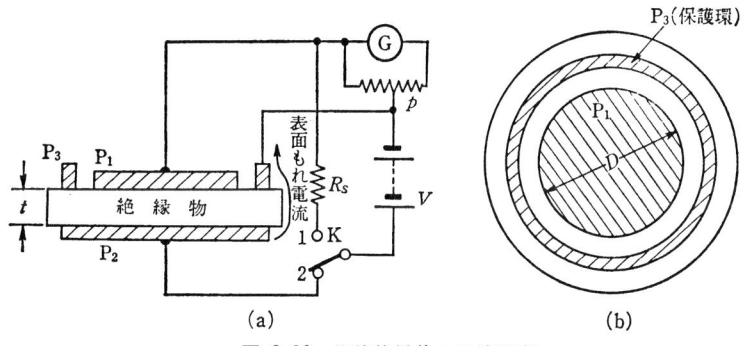

図 8-20 板状絶縁物の抵抗測定

表面の漏れ電流が G に流れないようにするための円環保護電極である．R_S は標準の高抵抗である．

測定では，スイッチ K を 1 側のとき，G の振れ d_1 と P の倍率 m_1 を読みとる．つぎに，スイッチ K を 2 側のとき，同様にして d_2, m_2 を読みとれば，絶縁物の抵抗 R_x は，

$$R_x = \frac{m_1 d_1}{m_2 d_2} R_S \tag{8-28}$$

より求められる．また，試料の厚さと直径をそれぞれ t, D とすれば，体積抵抗率 ρ_0 は，

$$\rho_0 = \frac{\pi D^2}{4t} R_x \tag{8-29}$$

となる．

8-2 インピーダンスの測定

8.2.1 インピーダンスの測定

インダクタンス，静電容量は抵抗と同様に，電気回路の要素として重要である．しかし，これらの要素は抵抗と異なり周波数の関数であるため，その測定には交流が多く用いられる．また，測定法としては抵抗の測定で用いた方法はそのままでは使用されない．

インダクタンス，静電容量，抵抗と，これらの合成であるインピーダンスの精

密測定には，主として**交流ブリッジ**が用いられる．そのほか実用的には交流ブリッジの変形や，高い精度を必要としないばあいは簡便な直読形の指示計器などが用いられる．最近では，**デジタル LCR メータ**をはじめとして，種々の機能を備えた電子計測器が数多く用いられている．なお，高周波帯のインピーダンスの測定には，高周波独特の測定法がある．

インピーダンス $\dot{Z}$ は，その抵抗分を R，リアクタンス分を X，位相角を φ とすれば，

$$\dot{Z} = R + jX = Z\angle(\varphi) \tag{8-30}$$

で表される．また，アドミッタンス $\dot{Y}$ は，コンダクタンス分を G，サセプタンス分を B とすれば，

$$\dot{Y} = 1/\dot{Z} = G + jB = Y\angle(-\varphi) \tag{8-31}$$

となる．

回路素子を交流ブリッジで測定するばあいは，比較用として交流標準器が用いられる．ここではまず，これらの標準器について述べる．

（a） 交流用標準抵抗器　　交流用標準抵抗器は直流用の抵抗器に要求される条件以外に，周波数による実効抵抗値の変化の小さいことが大切であり，巻線抵抗器や金属皮膜抵抗器が用いられる．

巻線抵抗の材料には，温度係数が小さく，安定性の高いマンガニンまたはコンスタンタンが主に用いられる．図 8-21 に巻線抵抗器の等価回路を示す．L は巻線の残留インダクタンスであり，C は線間に分布している浮遊容量である．したがって，周波数を f とすると，端子間のインピーダンス $\dot{Z}$ は，

$$\dot{Z} = \frac{1}{1/(R + j\omega L) + j\omega C} = \frac{R + j\omega L}{1 - \omega^2 LC + j\omega CR} \tag{8-32}$$

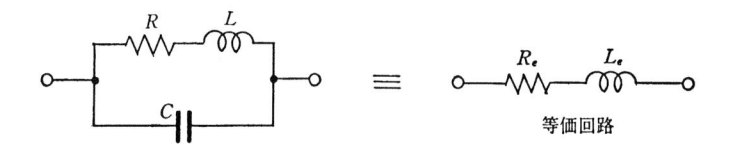

図 8-21　巻線抵抗器の等価回路

となる．$\omega L \ll R$, $\omega CR \ll 1$ を満足する周波数範囲では，
$$\dot{Z} \fallingdotseq R + j\omega(L - CR^2) \tag{8-33}$$
で近似される．すなわち，$\dot{Z}$ は等価抵抗 $R_e = R$ 以外に，等価インダクタンス $L_e = L - CR^2$ をもつ．L_e/R_e を抵抗器の**時定数** (time constant) といい，τ で表す．
$$\tau = \frac{L_e}{R_e} = \frac{L}{R} - CR \tag{8-34}$$

τ は正にも負にもなるので，位相角 $\varphi = \omega\tau$ にずれを生ずる原因となる．また，$\tau = 0$ のとき，$L = CR^2$ であり $\dot{Z}$ は純抵抗となる．

巻線形の交流標準抵抗器は，時定数を小さくするためにいろいろの巻き方が考案されている．図 8-22 にいくつかの実例を示す．図(a)では，抵抗線を薄い絶縁板に巻いてコイルの断面積を小さくし L を小さくする．図(b)は巻戻しによる電流で磁界を相殺し L を小さくしているが，高抵抗では C が増加する．図(c)は分割2本巻により図(b)の欠点を補い，L と C を小さくしている．図(d)はエアトン-ペリー (Ayrton-Perry) 巻とよばれ，薄板に2本の抵抗線を逆方向で互いに交叉させて巻くもので，L も C も小さくできる．

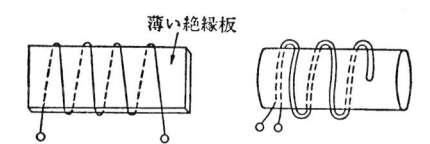

(a) 単巻線 (L が小さい) (b) 2本巻 (L が小さい)

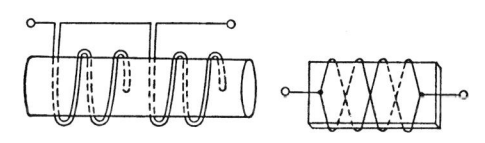

(c) 分割2本巻 (L,C が小さい) (d) エアトンペリー巻 (L,C が小さい)

図 8-22 交流用標準抵抗器の巻き方

(b) 標準誘導器 標準自己誘導器に要求される条件は，抵抗分ができるだけ小さいこと，自己インダクタンスが電流，周波数，温度などによって変化しないことである．実際には抵抗を小さくするためにコイルに銅線を用い，また電流の大きさで変化しないために普通鉄心は用いない．自己誘導器の等価回路は抵抗器のばあいと同様に図 8-21 で表され，そのインピーダンス $\dot{Z}$ も式 (8-32) で与えられる．ただし，抵抗器と異なり L が大きく，C, R が小さいから $\omega L \gg R$,

$\omega^2 LC \ll 1$ と考えられる．この条件で実効抵抗 R_e と実効インダクタンス L_e を求めると，

$$R_e = \frac{R}{(1-\omega^2 LC)^2 + (\omega CR)^2} \fallingdotseq \frac{R}{(1-\omega^2 LC)^2}$$

$$= R(1 + 2\omega^2 LC + 3\omega^4 L^2 C^2 + \cdots)$$

$$\fallingdotseq R(1 + 2\omega^2 LC) \tag{8-35}$$

$$L_e = \frac{L(1-\omega^2 LC) - CR^2}{(1-\omega^2 LC)^2 + (\omega CR)^2} \fallingdotseq \frac{L(1-\omega^2 LC)}{(1-\omega^2 LC)^2}$$

$$= L(1 + \omega^2 LC + \omega^4 L^2 C^2 + \cdots)$$

$$\fallingdotseq L(1 + \omega^2 LC) \tag{8-36}$$

となる．これより，R_e, L_e ともに周波数の2乗に比例して増加し，C の影響が大きい．L の大きい誘導器は C も大きいので，周波数の影響は大きい．

標準相互誘導器は自己誘導器の条件のほかに，1次電流と2次誘導電圧との位相差が正確に 90° であることが必要である．

標準相互誘導器には，1次コイルと2次コイルを同じ巻枠に巻いた固定形と，2次コイルを回転して相互インダクタンスを変える可変形とがある．可変形誘導器にはいろいろな形があるが，一例として，図 8-23 に**ブルックス形誘導器** (Brooks inductometer) の原理図を示す．また，これは1次コイルと2次コイルを直列に接続して，回転角を変えれば相互インダクタンスは連続的に変化するので，可変自己誘導器としても使用できる．

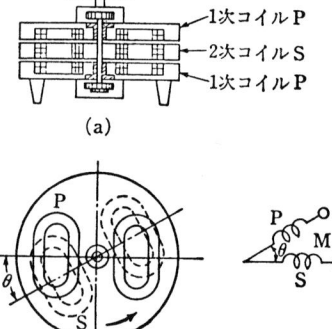

図 8-23 ブルックス形可変誘導器

相互誘導器は，1次コイル，2次コイルのそれぞれの一端を共通に接続して用いることが多い．両コイルともに巻方向が同じとき，図 8-24 のように接続すれば，同図(a)の 1—3 間，同図(b)の 1—4 間からみた自己インダクタンス L，L' はそれぞれ，

$$L = L_1 + L_2 - 2M, \qquad L' = L_1 + L_2 + 2M \tag{8-37}$$

8-2 インピーダンスの測定

$$L = L_1 + L_2 - 2M \quad \text{(a)} \qquad L' = L_1 + L_2 + 2M \quad \text{(b)}$$

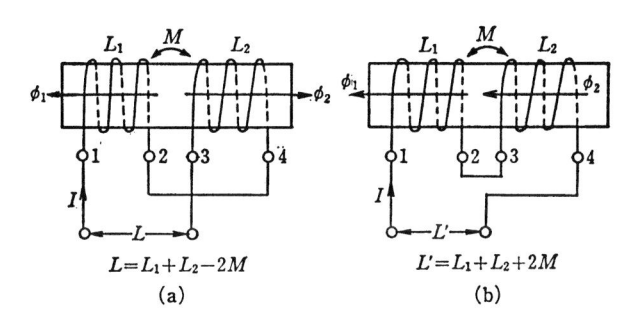

図 8-24 相互インダクタンスの接続

となる。ただし, L_1, L_2 は1次コイル, 2次コイルのインダクタンス, M は両コイル間の相互インダクタンスである.

ここで, M に正負を考え, 式(8-37)の両式を共通の式,

$$L = L_1 + L_2 - 2M \tag{8-38}$$

で表せば, 図(a)のときは $M>0$ となり, L は L_1+L_2 より小さく, また図(b)のときは $M<0$ となり, L は L_1+L_2 より大きくなる.

(c) 標準コンデンサ 標準コンデンサの必要条件は, 静電容量が長期間安定で周波数や温度によって変化しないこと, 損失の小さいこと, 絶縁がよく耐電

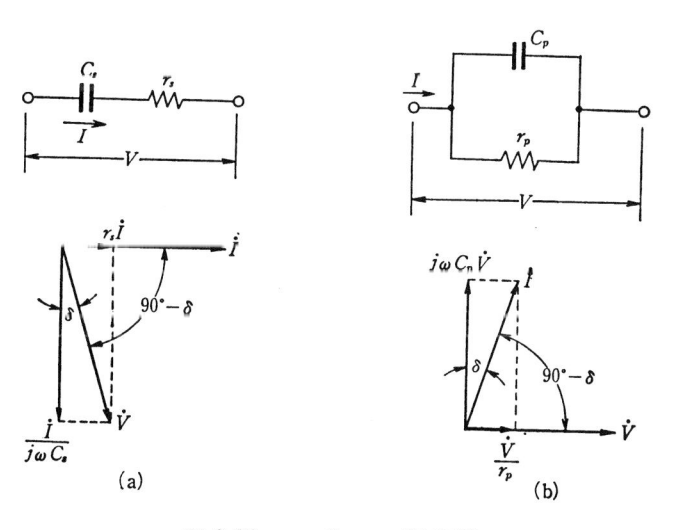

図 8-25 コンデンサの等価回路

圧の高いことなどである．

　コンデンサに正弦波交流電圧を加えたときの等価回路は図 8-25 のように示される．r_s または r_p はコンデンサの損失を表す等価抵抗であり，r_s は低抵抗，r_p は高抵抗を表す．このばあいの電力損失 P は，

$$P = VI\cos(90°-\delta) = VI\sin\delta$$

となる．δ はきわめて小さい角であるから，**誘電力率**(dielectric power factor) は，$\sin\delta \fallingdotseq \tan\delta$ で表せ，

$$P \fallingdotseq VI\tan\delta \tag{8-39}$$

となる．この損失を**誘電損** (dielectric loss) とよぶ．また δ は，電力損失の程度を示す角度であり，**誘電損角** (dielectric loss angle) とよばれる．

　図(a)のばあいは，$\delta = \tan^{-1}\omega C_s r_s \fallingdotseq \omega C_s r_s$ (8-40)

　図(b)のばあいは，$\delta = \tan^{-1}\dfrac{1}{\omega C_p r_p} \fallingdotseq \dfrac{1}{\omega C_p r_p}$ (8-41)

　標準コンデンサとしては δ の小さいものが用いられる．数 pF 以下の微小容量では溶融水晶コンデンサが，また，数千 pF 程度までは空気コンデンサが用いられる．それ以上 1 μF 程度までは雲母系のコンデンサを用いる．1 μF 以上ではスチロールコンデンサを用いる．

　空気コンデンサには固定形と可変形がある．固定形は電極の支持絶縁物に水晶やこはくなどの絶縁特性のすぐれた材料を用いれば，実際上無損失と考えられるので精密な標準用として使われる．

　一般に，標準コンデンサは図 8-26 (a) に示すように，静電遮へいの目的から金属ケースに収容する．このばあいの容量は同図(b)のように C_{13}，C_{23} の浮遊

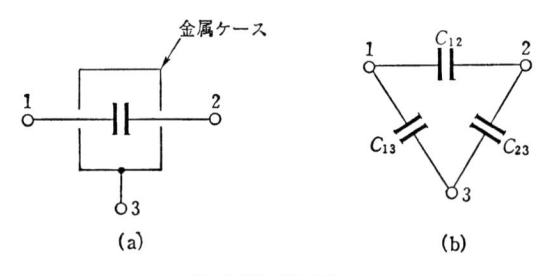

図 8-26　静電遮へい

容量の影響を受ける．特に標準コンデンサ C_{12} の容量が小さいときは，3端子コンデンサとして C_{12} のみを測定する必要がある．

8-2-2 交流ブリッジ

インピーダンスの精密測定には**交流ブリッジ法**が広く用いられる．交流ブリッジには使用目的に応じて各種の形があるが，図 8-27 に示すように，直流のホイートストンブリッジに相当する4辺ブリッジ形が多く用いられている．V は周波数が 1000 Hz 程度の正弦波交流電源，D は交流の検出器である．

このブリッジの平衡条件は，

$$\dot{Z}_1 \dot{Z}_4 = \dot{Z}_2 \dot{Z}_3 \tag{8-42}$$

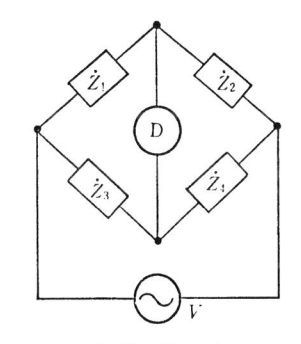

図 8-27 交流ブリッジ

で与えられる．しかし，これらのインピーダンスは複素数であるから，それぞれについて，

$$\dot{Z} = Z \angle (\varphi)$$

で表される．したがって，

$$Z_1 Z_4 \angle (\varphi_1 + \varphi_4) = Z_2 Z_3 \angle (\varphi_2 + \varphi_3)$$

すなわち，

$$Z_1 Z_4 = Z_2 Z_3, \qquad \varphi_1 + \varphi_4 = \varphi_2 + \varphi_3 \tag{8-43}$$

式 (8-43) は，両辺の絶対値と位相角がともに等しいとき，平衡が得られることを示している．これより，二つの平衡条件が必要であり，原則として，二つの素子を同時に調整して平衡をとらなければならない．

（a） 静電遮へい　図 8-28（a）に示すように，交流ブリッジではその構成素子と大地または付近の導体との間に静電容量を生じる．これは対地容量とよばれ，素子を置く位置や人体が近づいても変化するので，ab 間のインピーダンスは一定値をとらない．そのためにブリッジの平衡がとりにくくなることがある．安定で精度のよい測定を行うには，この影響を一定にするか，できれば除去した

(a)

(b)

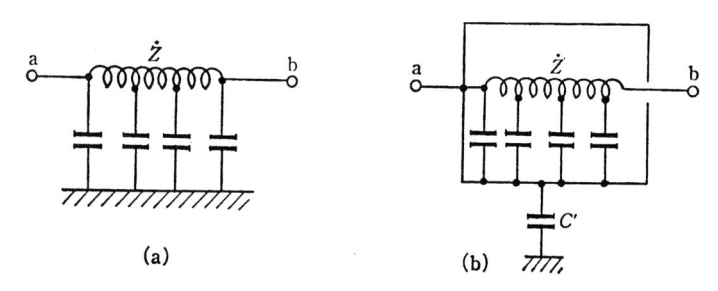

図 8-28 対地静電容量と静電遮へい

い．同図(b)のように素子を金属ケースで遮へいすれば，対地容量は一定値になり，さらに一端で結べば，ab 間のインピーダンスも一定値になる．

静電遮へいによる各辺の対地容量は，図 8-29(a)のようアドミタンス，$\dot{Y}_a, \dot{Y}_b, \dot{Y}_c, \dot{Y}_d$ が四つの接続点にあると考えられる．この影響を含めると平衡条件は複雑になる．同図(b)の**ワグナー**（Wagner）**接地装置**を用いるとこの影響を除くことができる．これは，端子 ab 間に $\dot{Z}_5, \dot{Z}_6$ を接続して，スイッチ K を e 側に入れたとき，$\dot{Z}_1, \dot{Z}_3$ および $\dot{Z}_5, \dot{Z}_6$ でもう1組のブリッジが構成できるようにした装置である．K をいずれの側に入れても，両ブリッジが平衡するよう

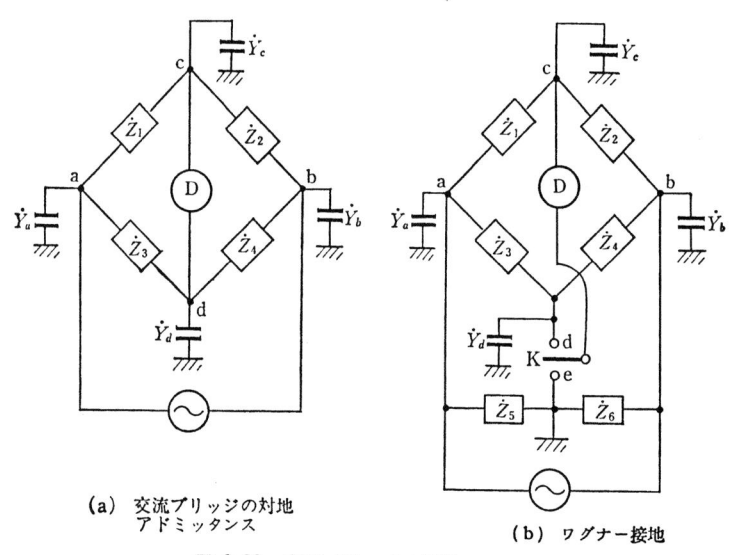

(a) 交流ブリッジの対地
　　アドミッタンス

(b) ワグナー接地

図 8-29 交流ブリッジの接地

に調整する．これより，c 点，したがって d 点も検出器 D を含めて対地電位となり，$\dot{Y}_c, \dot{Y}_d$ は無視することができる．また，$\dot{Y}_a, \dot{Y}_b$ は $\dot{Z}_5, \dot{Z}_6$ に含まれて平衡がとれているので，主ブリッジの平衡は，

$$\dot{Z}_1\dot{Z}_4=\dot{Z}_2\dot{Z}_3$$

となり，式 (8-42) はそのままなりたち，対地容量の影響は避けられる．

ワグナー接地装置は調整が複雑である．そのため，高利得の増幅器を用いてワグナーの平衡操作を自動的に行う方法がある．

(b) 電磁遮へい　交流ブリッジの各素子間や素子と導線間に電磁誘導が生じると，誤差の原因となる．この影響を防ぐために，電源や検出器を磁気遮へいしたり，素子相互の配置，間隔などに注意を払う必要がある．

8-2-3　各種交流ブリッジ

交流ブリッジの種類は非常に多いが，測定する素子の種類とその大きさ，使用できる標準器，また測定精度，周波数などの測定条件に応じて適当なものを選択する．ここでは代表的なブリッジについて述べる．

(a) 自己インダクタンスの測定

マクスウェルブリッジ

標準自己インダクタンス L_S を用いて未知自己インダクタンス L_x を測定するばあい，図 8-30 に示す**マクスウェル** (Maxwell) **ブリッジ**が広く用いられる．図(a)で，P, Q は比例辺，r_S, r_x はそれぞれ L_S, L_x の抵抗である．このとき

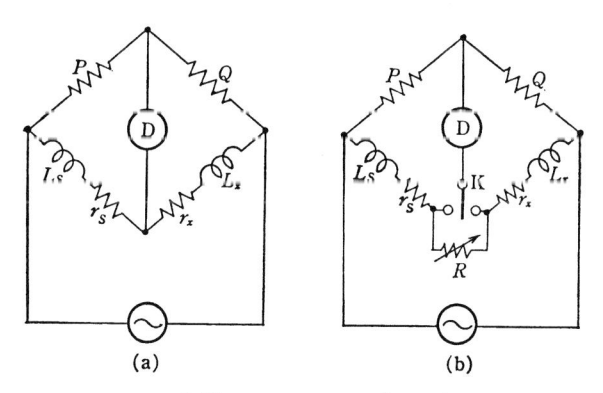

図 8-30　マクスウェルブリッジ

の平衡条件は，

$$\frac{L_x}{L_S} = \frac{r_x}{r_S} = \frac{Q}{P}$$

となる．これより，

$$r_x = \frac{Q}{P} r_S, \qquad L_x = \frac{Q}{P} L_S \tag{8-44}$$

となる．L_S に標準可変誘導器を用いれば L_x は求まるが，r_S は L_S に付随する抵抗であるから，L_S と独立に変えることはできない．実際には，同図（b）のように L_x か，または L_S のどちらか一方に可変抵抗 R を直列に接続して平衡をとる．スイッチ K が L_x 側で平衡したばあいは，

$$r_x = \frac{Q}{P}(r_S + R), \qquad L_x = \frac{Q}{P} L_S \tag{8-45}$$

となり，L_S と R は両式に独立な形で含まれているので調整は容易である．

アンダーソンブリッジ

自己インダクタンス L_x の測定に，同種の標準インダクタンスを用いる代わりに，精度の高い標準コンデンサ C_S を使用することもできる．このブリッジにはマクスウェルブリッジやアンダーソン (Anderson) ブリッジなどがある．ここでは，図 8-31（a）に示すアンダーソンブリッジについて述べる．このブリッジの特徴は，C_S に固定形のものを用いても，r の調整によって平衡がとれること

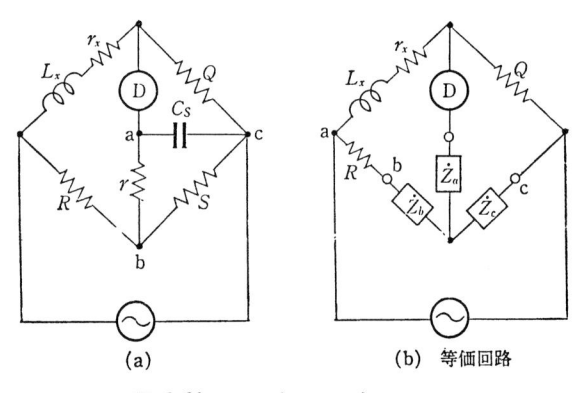

図 8-31 アンダーソンブリッジ

である．同図(a)の△結線 a, b, c を Y 結線に置換えた同図(b)の等価回路を用いれば，平衡条件は容易に求められる．すなわち，

$$r_x = \frac{Q}{S} R$$
$$L_x = C_S Q \left\{ R + r \left(1 + \frac{R}{S} \right) \right\}$$
(8-46)

(b) 相互インダクタンスの測定

ハーツホンブリッジ

ハーツホン(Hartshorn)**ブリッジ**は，相互インダクタンス M_x を，標準可変相互インダクタンス M_S と比較して求めるものである．図 8-32 に示すように，M_S と M_x との極性は互いに逆でなければならない．このときの平衡条件は

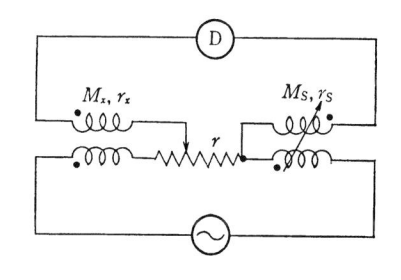

$$r_x = -(r_S + r)$$
$$M_x = -M_S$$
(8-47)

図 8-32 ハーツホンブリッジ

となり，M_x を求めることができる．

また，キャンベル(Campbell)ブリッジを用いて，標準コンデンサと周波数から M_x を求めることもできる．

(c) 静電容量の測定

シェーリングブリッジ

シェーリング(Schering)**ブリッジ**は，容量測定の標準的なブリッジであり，微小容量から大容量までの容量測定や誘電損角 $\tan\delta$ の精密測定にも広く用いられている．図 8-33 に示すように，C_S, C_x はそれぞれ標準コンデンサ，未知コンデンサの容量であり，また r_S, r_x は C_S, C_x の損失抵抗である．このブリッジの平衡条件は，

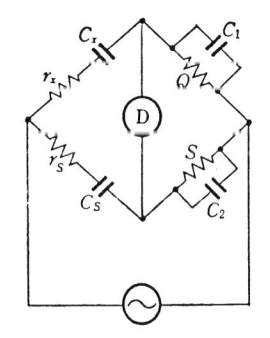

図 8-33 シェーリングブリッジ

$$\frac{C_x}{C_S} = \frac{S(1-\omega^2 C_x C_1 r_x Q)}{Q(1-\omega^2 C_S C_2 r_S S)}$$

$$= \frac{S(C_x r_x + C_1 Q)}{Q(C_S r_S + C_2 S)} \tag{8-48}$$

となる. いま, C_x の $\tan\delta_x$ が小さいものとすれば, $\tan\delta_x = \omega C_x r_x \ll 1$ であり, また同様にして, C_S の $\tan\delta_S = \omega C_S r_S \ll 1$ となる. これより, $\omega^2 C_x C_1 r_x Q \ll 1$, $\omega^2 C_S C_2 r_S S \ll 1$ とみなせる. この結果 C_x は,

$$C_x = \frac{S}{Q} C_S \tag{8-49}$$

となり, また式 (8-48) から,

$$C_x r_x + C_1 Q = C_S r_S + C_2 S \tag{8-50}$$

がなりたつ. したがって,

$$\tan\delta_x - \tan\delta_S = \omega C_2 S - \omega C_1 Q \tag{8-51}$$

が得られる. すなわち, C_1 または C_2 により損失の平衡をとることができる.

(d) 変成器ブリッジ 変成器 (transformer) ブリッジは, 4辺ブリッジの比例辺抵抗を変成器で置換えたものである. 電圧変成器の電圧 V_1, V_2 は巻数 n_1, n_2 に正確に比例するから, 図8-34で変成器にインピーダンス Z_1, Z_2 を接続すれば, 平衡条件は,

$$\frac{V_1}{V_2} = \frac{n_1}{n_2} = \frac{\dot{Z}_1}{\dot{Z}_2} \tag{8-52}$$

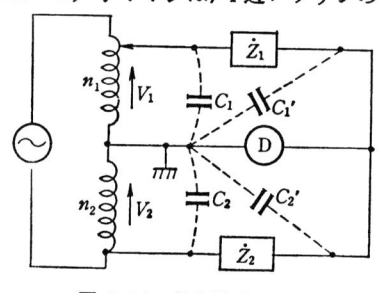

図 8-34 変成器ブリッジ

となる. これより巻線比を調整 (図では n_1) して平衡をとれば, $\dot{Z}_1$, または $\dot{Z}_2$ を求めることができる. また変成器ブリッジでは対地静電容量は, 平衡条件に影響しない. このため3端子インピーダンスを直接測定できる利点がある.

いま, 式 (8-52) で,

$$\dot{Z}_1 = r_x + \frac{1}{j\omega C_x}, \quad \dot{Z}_2 = r_S + \frac{1}{j\omega C_S}$$

とすれば,

$$\frac{C_S}{C_x} = \frac{r_x}{r_S} = \frac{n_1}{n_2} \tag{8-53}$$

となり，静電容量を測定することができる．また自己インダクタンス，インピーダンスなども，同種類の比較素子を用いて測定することができる．

変成器ブリッジは，磁性材料の進歩と巻線技術の改良によって巻線比に対する電圧比を正確に維持できるようになった．このため変成器にデケード形を用いた変成器ブリッジが，商用周波数から高周波帯までの周波数範囲で精密測定に広く使用されるようになった．

（e）高周波ブリッジ 高周波帯におけるインピーダンスの測定に，ブリッジを用いるばあいは，比較用の標準素子として高周波で信頼性の高い可変空気コンデンサが使用される．その一例として，図8-35 に数十 MHz 帯までのインピーダンスが測定できる**シンクレア**（Sinclair）**ブリッジ**を示す．

まず，K を閉じて C_P, C_S がそれぞれ C_{P1}, C_{S1} で平衡したときの条件を求めると，

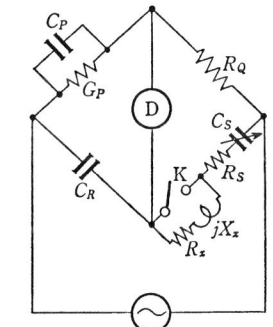

図 8-35 高周波ブリッジ

$$j\omega C_R R_S + \frac{C_R}{C_{S1}} = R_Q G_P + j\omega C_{P1} R_Q \tag{8-54}$$

が得られる．

つぎに K を開き，上述のばあいと同様にして，C_P, C_S がそれぞれ C_{P2}, C_{S2} で平衡したときの条件を求めると，

$$j\omega C_R(R_S + R_x) + \frac{C_R}{C_{S2}} - \omega X_x C_R$$
$$= G_P R_Q + j\omega C_{P2} R_Q \tag{8-55}$$

となる．したがって，式 (8-54), (8-55) より，

$$\left. \begin{array}{l} R_x = R_Q \dfrac{C_{P2} - C_{P1}}{C_R} \\ X_x = \dfrac{1}{\omega}\left(\dfrac{1}{C_{S2}} - \dfrac{1}{C_{S1}}\right) \end{array} \right\} \tag{8-56}$$

となり，インピーダンス $\dot{Z} = R_x + jX_x$ を求めることができる．

なお，高周波におけるインピーダンスの測定法には，原理上，ブリッジ法以外に主なものとして，共振現象を用いる同調法，マイクロ波における定在波測定法

などがある．

8-2-4 共振測定法

共振を利用するインピーダンスの測定法には，変数の選び方によって抵抗変化法，リアクタンス変化法，周波数変化法などがある．Qメータ法も共振法であり，これらはブリッジ法と比較して精度は劣るが，測定原理や回路構成が簡単であるため広く用いられている．

（a）リアクタンス変化法 ここでは共振法の一例として，静電容量 C を変数に用いるリアクタンス変化法について述べる．図 8-36（a）に測定の原理を示す．電圧および周波数が一定な発振器にコイル L を疎に結合し，同調コンデンサ C を調整すると同図（b）の共振曲線が得られる．

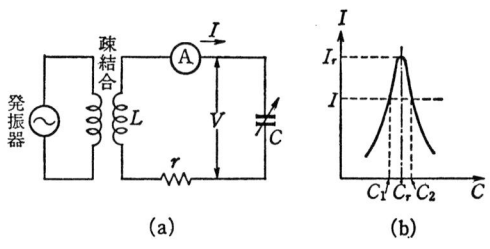

図 8-36 リアクタンス変化法

いま，$C=C_r$ で共振したばあいの電流を I_r とし，C_r の両側の C_1, C_2 で同じ電流 I になるとすれば，

$$\omega L - \frac{1}{\omega C_1} = -\left(\omega L - \frac{1}{\omega C_2}\right) \tag{8-57}$$

$$r^2 + \left(\omega L - \frac{1}{\omega C_1}\right)^2 = \left(\frac{I_r}{I}\right)^2 r^2 \tag{8-58}$$

の関係がなりたつ．したがって，回路の直列抵抗 r は，

$$r = \sqrt{\frac{I^2}{I_r^2 - I^2}} \frac{1}{2\omega}\left(\frac{1}{C_1} - \frac{1}{C_2}\right) \tag{8-59}$$

となる．一般に，$I = I_r/\sqrt{2}$ の点で測定する．したがって，このときの容量を C_1', C_2' とし，$C_2' - C_1' = 2\varDelta C$，$C_1' C_2' \fallingdotseq C_r^2$ とすれば，式 (8-59) は次式で表せる．

$$r = \frac{\varDelta C}{\omega C_r^2} \tag{8-60}$$

なお，このときの回路の Q は次式で表される．

$$Q = \frac{1}{\omega C_r r} = \frac{C_r}{\varDelta C} \tag{8-61}$$

この方法は，主として回路の高周波抵抗分や誘電体の損失などの測定に用いられている．電流 I を測定する代わりに，C の端子電圧を電子電圧計で測定しても，あるいは C の代わりに ω を変化させても同様な結果が得られる．

(b) Q メータ法　第4章の電子計測器で述べた Q メータを用いれば，インピーダンスを求めることができる．

図 4-14 において，測定端子 1—1′ に標準の補助コイル L_S だけを接続したとき，可変容量 C_v が C_1 で同調し，Q の読みが Q_1 であれば，

$$Q_1 = \frac{1}{\omega C_1 R_S} \tag{8-62}$$

となる．ただし，R_S は L_S の抵抗分とする．つぎに測定インピーダンス $\dot{Z}=R+jX$ を L_S と直列に接続して C_2 で同調し，Q が Q_2 であれば，

$$Q_2 = \frac{1/\omega C_1 + X}{R_S + R} = \frac{1}{\omega C_2 (R_S + R)} \tag{8-63}$$

となり，C_1, C_2, Q_1, Q_2 から次式が得られる．

$$R = \frac{C_1 Q_1 - C_2 Q_2}{\omega C_1 C_2 Q_1 Q_2}, \qquad X = \frac{C_1 - C_2}{\omega C_1 C_2} \tag{8-64}$$

これより，$\dot{Z}=R+jX$ が求まる．また，このばあいの Q は，

$$Q = \frac{X}{R} = \frac{(C_1 - C_2) Q_1 Q_2}{C_1 Q_1 - C_2 Q_2} \tag{8-65}$$

で表される．

8-2-5 定在波測定法

数百 MHz 帯におけるインピーダンスを，集中定数回路で測定すると誤差が大きくなる．このようなばあいは，**分布定数回路に発生する定在波分布を測定す**ることによってインピーダンスを求めることができる．

図 8-37 に示すように，特性インピーダンスが $\dot{Z}_0$ の無損失分布定数線路の終端に未知インピーダンス $\dot{Z}=R+jX$ を

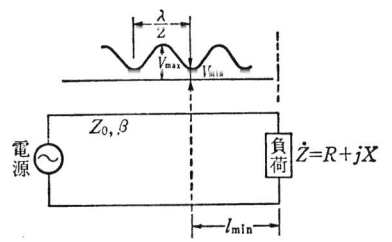

図 8-37 定在波法によるインピーダンスの測定

負荷すると，線路上には次式で表される電圧分布を生じる．

$$V = Ae^{-j\beta x} + Be^{j\beta x}$$

ただし，A, B は線路条件によってきまる定数，位相定数 $\beta = 2\pi/\lambda$，λ は波長である．このとき，電圧最大値 $V_{\max}$ と電圧最小値 $V_{\min}$ との比 $\rho = V_{\max}/V_{\min}$ を電圧定在波比といい，また終端から $V_{\min}$ までの距離 x を $l_{\min}$ とすれば，

$$\left.\begin{array}{l} R = Z_0 \dfrac{\rho(1+\tan^2 2\pi l_{\min}/\lambda)}{\rho^2 + \tan^2(2\pi l_{\min}/\lambda)} \\[2mm] X = Z_0 \dfrac{(1-\rho^2)\tan 2\pi l_{\min}/\lambda}{\rho^2 + \tan^2(2\pi l_{\min}/\lambda)} \end{array}\right\} \quad (8\text{-}66)$$

となる．これより，定在波を測定し，ρ と $l_{\min}$ を知れば，未知インピーダンス $\dot{Z} = R + jX$ を求めることができる．

実用的には R, X を計算で求める代わりに，スミス線図を用いれば容易に求められる．

第8章 問 題

(1) 電圧計，電流計を用いた抵抗測定法の利点と欠点を述べよ．
(2) ホイートストンブリッジによる抵抗測定で，完全に平衡しないばあいがある．このとき，一般には補間法を用いるがその測定方法を述べよ．
(3) 金属導体のような低抵抗の測定にホイートストンブリッジが使用できない理由を述べよ．
(4) 図示のように，ブリッジの一辺に分流器 S をもつ検流計を接続し，スイッチ K を開閉しても検流計の振れが一定値を指示し変化しないという．このことより検流計の内部抵抗 G を求めよ．
(5) 低抵抗の測定に最も適する測定法はつぎのうちどれか．またその理由を述べよ．
    (a) ホイートストンブリッジ，(b) ダブルブリッジ，
    (c) ウィーヘルト法，(d) 電圧降下法
(6) 電圧降下法によって低抵抗を測定するばあい，電流端子のほかに電圧端子を設ける理由を述べよ．
(7) 絶縁抵抗の測定法の一例をあげ説明せよ．
(8) 高抵抗を測定するばあい，保護環を用いる理由を述べよ．

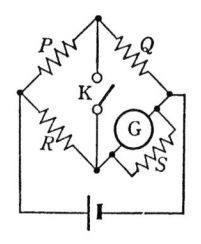

(9) 図に示す CR 並列回路に直流電圧 V_0 を加えて，C を V_0 まで充電する．つぎにスイッチ K を開いたとき，C の端子電圧が $t=8$ 秒後に 450 V から 440 V に変化した．$C=1000$ pF であるとき R の値を求めよ．

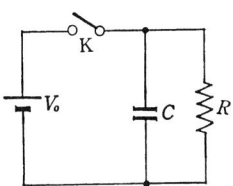

(10) 電解液の測定に交流電源を用いる理由を述べよ．

(11) 図 8-15 に示す回路で，スイッチ K を開き電池の起電力を高入力抵抗のデジタル電圧計で測定したとき，1.523 V を示した．また K を閉じて可動コイル形電圧計で測定したところ，1.42 V を得た．電池の内部抵抗を求めよ．ただし，$R=5\ \Omega$ とする．

(12) 接地抵抗とはどのような抵抗か．またその測定法の一例をあげ説明せよ．

(13) アクリル板，エボナイト板などの板状絶縁物の体積抵抗率の測定法を述べよ．

(14) 交流用標準抵抗器の具備条件について述べよ．

(15) 標準コンデンサの具備条件について述べよ．

(16) コンデンサの誘電損角とは何か．コンデンサの直列および並列の等価回路における誘電損角を求めよ．また Q といかなる関係にあるか．

(17) コンデンサの等価直列回路において，$C_S=0.1\ \mu F$，損失抵抗 $r_S=0.13\ \Omega$，$f=1000$ Hz のときの誘電損角を求めよ．

(18) 交流ブリッジにおけるワグナー接地装置の原理を述べよ．

(19) 交流ブリッジにおいて静電遮へいや電磁遮へいを行う理由を述べよ．

(20) 標準自己インダクタンスを用いて未知の自己インダクタンスを測定する交流ブリッジの一例をあげ，その平衡条件を求めよ．

(21) 標準のコンデンサを用いて未知の自己インダクタンスを測定する交流ブリッジの一例をあげ，その平衡条件を求めよ．

(22) 変成器ブリッジの特徴を述べよ．

(23) 高周波帯におけるインピーダンスの測定法の一例をあげ，その原理を説明せよ．

第9章　周波数，波形の測定

9-1　周波数の測定

9-1-1　周波数の標準

(a) **原子周波数標準**　周波数は電気諸量のうちで最も高い精度で測定できる．これは，周波数，すなわち時間 ($f=1/T$) の測定精度が高いことによるものである．

現在，国際的な周波数の標準としては**セシウム原子標準器**が用いられ，その精度は 10^{-13} に達している．これを国家の1次標準として国の関係機関が保守運転し，同時にこの1次標準によって校正された水晶発振器を2次標準とし，その周波数をそのまま標準電波の形で一般に供給している．したがって，この電波を受信すれば，1次標準に準ずる高確度な標準として直接利用できる．

(b) **水晶周波数標準器**　最近の結晶製作技術の飛躍的な進歩によって，きわめて Q の高い安定した水晶振動子が作られるようになった．これを用いた高安定水晶発振器では，周波数の安定度が 10^{-11} 程度まで達し，またその取扱いも簡単なため，現在実用的な2次周波数標準器として広く用いられている．

(c) **周波数シンセサイザ**　周波数シンセサイザは，高い精度と安定性をもつ水晶周波数標準器の周波数を，周波数の合成法によりそれと同程度の特性をもつ別の周波数に変換する装置であり，広い周波数範囲にわたり，ダイヤルで設定した任意の値の周波数を供給することができる（3-6-7 参照）．

9-1-2 周波数の測定

周波数の測定には，その目的に応じていろいろの方法がある．測定原理から分けると，標準周波数と比較する方法，共振を利用する方法，インピーダンスの周波数特性を利用する方法，計数法などがある．実際の測定においては，これらを組合わせて用いることもある．

しかし，最近ではパルス技術の進歩，半導体素子の高度集積化により，周波数の測定は，計数方式に基づく電子計測器が精度，価格，取扱いなどの面からすぐれているため，低周波から高周波にいたるまで広く用いられるようになった．

9-1-3 低い周波数の測定

（a） 振動片形周波数計　機械的な共振現象を利用した周波数計であり，主

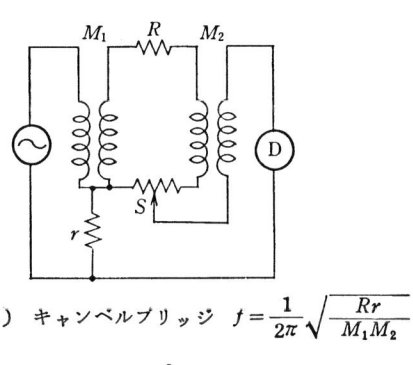

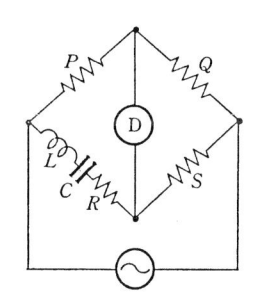

（a） キャンベルブリッジ　$f = \dfrac{1}{2\pi}\sqrt{\dfrac{Rr}{M_1 M_2}}$　　（b） 共振ブリッジ　$f = \dfrac{1}{2\pi\sqrt{LC}}$

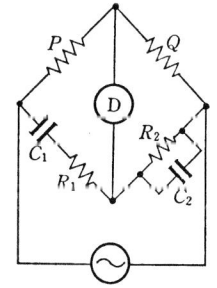

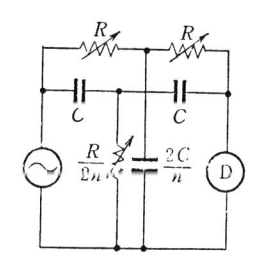

（c） ウィーンブリッジ　$f = \dfrac{1}{2\pi\sqrt{C_1 C_2 R_1 R_2}}$　　（d） 並列T形回路　$f = \dfrac{\sqrt{n}}{2\pi RC}$

$C_1 = C_2 = C,\ R_1 = R_2 = R,\ P = 2Q,\ f = \dfrac{1}{2\pi CR}$

図 9-1　周波数ブリッジの例

に商用周波数の測定に用いられる．固有周波数がわずかずつ異なる**薄鋼振動片**を多数並べ，これらに被測定周波数の電磁力を加えると，共振した振動片が大きな振幅で振動する．この共振片の固有周波数から未知周波数を知ることができる．

振動片形周波数計は指示が不連続で応答が遅い欠点があるが，電圧や波形の影響が少なく，動作が安定な特徴がある．

（b） 周波数ブリッジ　インピーダンスの周波数特性を利用する測定法である．交流ブリッジで平衡条件に周波数を含むものは，すべて周波数ブリッジとして利用できる．実用的には取扱いが容易であり，可聴周波数程度までの測定に用いられている．図 9-1 に主な周波数ブリッジとその平衡条件を示す．同図（c）のウイーン（Wien）ブリッジは，最も広く用いられているもので，取扱いを簡単にするため $P=2Q$, $C_1=C_2=C$, $R_1=R_2=R$ に選んである．

（c） 方形波微分形周波数計　コンデンサの充放電を利用して，測定周波数を電流に変換する方式の一例であり，商用周波数から可聴周波数程度までの測定ができる．基本回路を図 9-2（a）に示す．被測定周波数 f の電圧を，ツェナーダイオード Z で振幅 V の方形波に整形し，これを微分，整流してその平均値を求めれば f を知ることができる．同図（b）に示すように，方形波 V で充電された C の電荷はダイオード D_2 を通して放電する．放電電流を i, 放電回路の全抵抗を R とすれば，

$$i = \frac{2V}{R}e^{-t/CR} \tag{9-1}$$

となる．指示計器に流れる一方向電流の平均値 I は，放電時定数 CR を $1/f$ に比べて十分小さく選べば，

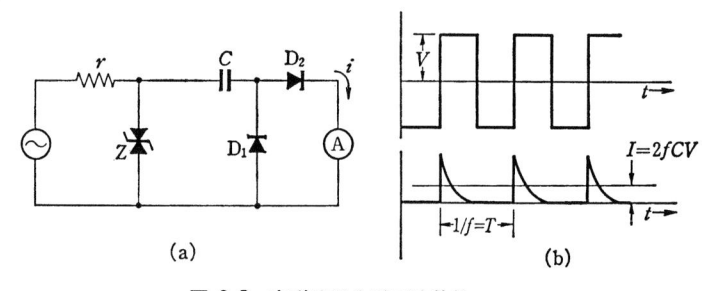

図 9-2　方形波微分形周波数計

$$I = \frac{1}{T}\int_0^T i\,\mathrm{d}t = 2fCV \tag{9-2}$$

となり，f を求めることができる．

同様な方法で，電磁駆動スイッチで毎秒 f 回コンデンサを充放電したときの平均電流から f を求める方法もある．

（d） リサジュー図形　　標準周波数と比較する方法の一例であり，ブラウン管オシロスコープの水平軸，垂直軸にそれぞれ標準可変周波数 f_S および被測定周波数 f_x の正弦波電圧を加え，ブラウン管の蛍光面上にリサジュー図形を描かせる．このとき，両周波数の比が適当な整数になるように f_S を調整すれば，その間の位相差に応じて静止した**リサジュー図形**が得られる．この比から f_x を知ることができ，可聴周波数程度までの測定に適している．図9-3にリサジュー図形の一例を示す．f_S と f_x との比の値が小さいほうが判定しやすい．また，位相差を $90°$ にすれば，図中の仮想の x, y 軸と図形が接する接点a, bの数から比を容易に知ることができる．

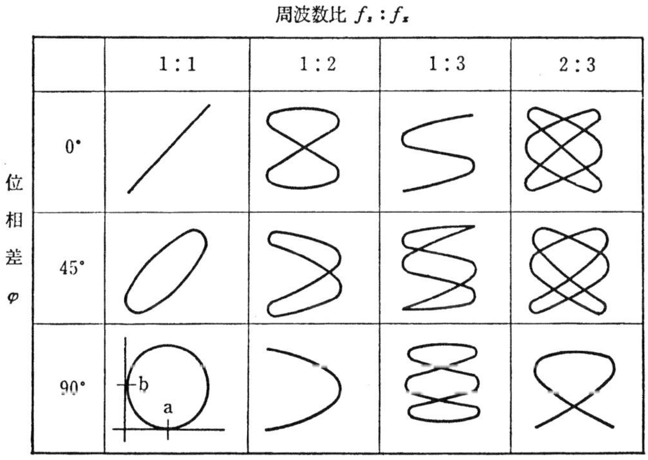

周波数比 $f_s : f_x$

位相差 φ	1:1	1:2	1:3	2:3
0°				
45°				
90°				

図 9-3　リサジュー図形

9-1-4　高い周波数の測定

（a） 吸収形周波数計　　LC の共振現象を利用する周波数計であり，図 9-4 に原理を示す．未知周波数 f の電源に，標準コイル L と可変コンデンサ C の

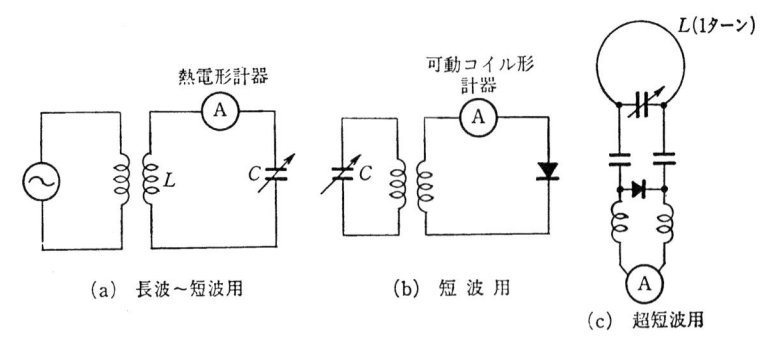

図 9-4 吸収形周波数計

共振回路を疎結合して同調をとる。この共振点での C の読みから f を知る方法である。共振点は指示計の振れが最大になることから判定できる。

$$f = \frac{1}{2\pi\sqrt{LC}} \tag{9-3}$$

実用的には L を切換えて，10 kHz～1 GHz 程度までの広い範囲の周波数で使用できるようにしたものが多い。この方法は，原理，構造ともに簡単なため，高い測定精度を必要としないばあいに広く用いられてきたが，最近では，次第に後述の計数形に置換えられてきている。

(b) **ヘテロダイン周波数計**　標準周波数と比較する方法の一例であり，図 9-5 に原理図を示す。未知周波数 f_x とそれに近接した可変局部発振器の周波数 f_S とを混合検波して，その差の周波数のビート (beat，うなり) を発生させ，f_S を変えてビートが 0 になるようにする。これをゼロビートという。このときは，f_x と f_S とが一致しているから，可変局部発振器の目盛から，f_x を知ることができる。

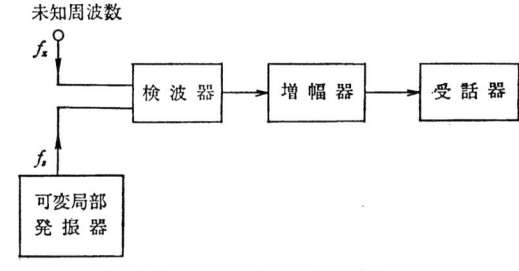

図 9-5 ヘテロダイン周波数計

一般に，ゼロビートは，f_x と f_S の高調波を m, n（整数）とすれば，

$$mf_x = nf_S \tag{9-4}$$

においても生ずるから，あらかじめ m, n を知ることにより，f_x を求めることができる．

この方法は，測定装置を安定化しておけば，長中波からVHF帯[1]にわたる広い範囲で周波数を 1×10^{-3} 以内の精度で測定することができる．補間法を利用すれば，さらに高い測定精度が得られる．最近では，吸収形周波数計と同様に，高確度の周波数測定法には，次第に計数形が用いられるようになっている．

VHF帯やUHF[2]帯ではレッヘル線周波数計，マイクロ波帯では同軸形や空胴形の周波数計が用いられる．

(c) 周波数カウンタ　図9-6に周波数カウンタの原理を示す．一定時間内に入ってくる周波数の波数をかぞえてデジタル表示する周波数計の一例である．

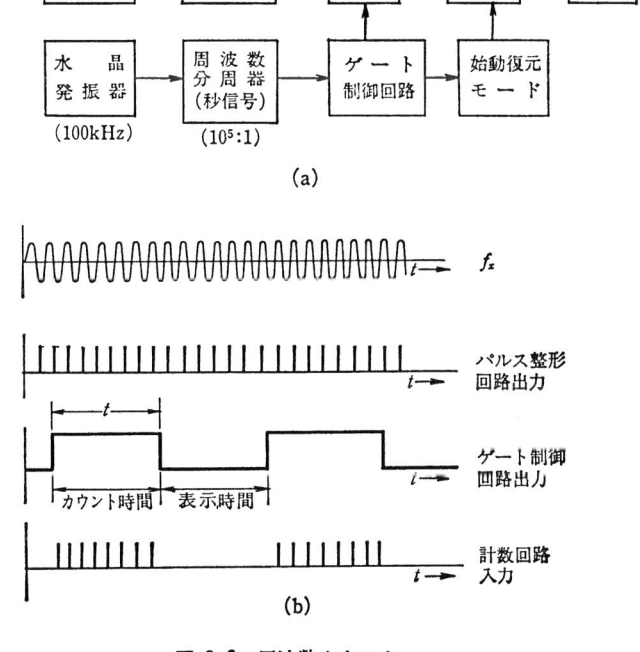

図 9-6 周波数カウンタ

---

1) VHF; very high frequency (30〜300 MHz 帯の周波数, 超短波)
2) UHF; ultra high frequency (300〜3000 MHz 帯の周波数, 極超短波)

図において，被測定周波数 f_x の電圧波形を，整形回路で振幅が一定のパルスに変換してゲート回路に加える．一方，水晶発振器の標準周波数を**分周器**によって分周して正確な基準時間信号をつくり，この信号でゲートを開閉すれば，ゲートの開いている時間を t，通過したパルスの数を n とすれば，次式より f_x を求めることができる．

$$f_x = \frac{n}{t} \tag{9-5}$$

$t=1$ 秒にとれば，n はそのまま周波数を表すことになる．t は分周器により広範囲に変えることができるため，現在一般用の 周波数カウンタは，10 Hz～100 MHz 程度の周波数を 8～10 桁で表示するものが多く，測定精度はきわめて高い．さらに，コンバータを併用すればマイクロ波領域まで拡張して適用できる．

9-2 波 形 分 析

9-2-1 ひずみ波形の分析法

正弦波形からひずんだ波形をひずみ波形という．このように一定の周期で繰返すひずみ波形は，一般に直流分，基本波およびその高調波の合成として表すことができる．

ひずみ波形中に含まれる調波を見出すことを**波形分析**（wave analysis）あるいは**調波分析**（harmonic analysis）といい，これにより波形のもつ性質を把握することができる．また，これらの周波数成分を表す図をスペクトラム（spectrum）という．波形分析の方法には，オシロスコープなどの記録装置で得たひずみ波形をもとにして計算で求める間接法と，ひずみ波の各調波成分を直接計測器で分析する直接法とがある．

9-2-2 計算による方法

周期 T のひずみ波は，第4章の式 (4-15) で示したように，フーリエ級数に展開できるから，その波形図を用いて各調波の振幅，位相を計算で求めることができる．

フーリエ級数は周期波の分析にしか使用できない．そのため，非周期的な波形

の分析には，フーリエ級数の周期を無限に近づけて計算した**フーリエ変換法**が用いられる．この方法を用いれば，単発のパルスなどにどのような周波数成分が含まれているかを求めることもできる．

9-2-3 計測器による方法

波形分析を計測器により直接行う方法には，帯域フィルタ法，共振法，選択増幅器法などがある．最近では各種の機能を備えたスペクトラムアナライザ(spectrum analizer)や高速フーリエ変換法などが実用分析器として多く用いられている．測定においては，対象とする信号が周期波か非周期波であるか，あるいは単発のインパルス波であるかなどの波形の特性を，また一方，測定装置の周波数帯域，分解能，感度，安定度などを考慮して目的に応じた測定を行う必要がある．

（a）スペクトラムアナライザ　スペクトラムアナライザは，複雑な信号に含まれている周波数成分を分析する測定器であり，一般的には，スーパーヘテロダイン方式により周波数の選択を行い，局部発振器を掃引してスペクトルの分析を行っている．オシロスコープは，振幅の時間特性を示すのに対して，スペクトラムアナライザはブラウン管の蛍光面にスペクトルの振幅特性を表示することができる．また，低速掃引や単掃引のときの観察ができるようなストレージ機能をもつものもある．振幅表示にはリニア目盛とデシベル目盛とがあり，後者は特にレベル差の大きい各スペクトラムの測定に適している．欠点としては，位相の情報が欠落していることである．

スペクトラムアナライザは，回路網の伝達特性や増幅器の周波数特性の測定，非線形回路の特性解析をはじめとして，アンテナの受信信号のような低レベル信号のひずみやスプリアスなどの測定に用いられている．

（b）FFTアナライザ　FFTアナライザは，フーリエ変換をデジタルで取扱い，この計算を**高速フーリエ変換**（FFT）処理によって効率よく行い，スペクトラムを短時間に表示する分析器である．

アナログ信号をサンプリングし，A/D変換によりデジタル信号に変換してメモリ部に格納する．この格納されたデータは，マイクロプロセッサによってFFTの演算処理を行い，ふたたびメモリ部に格納する．出力は必要に応じてブラウン

管の蛍光面に表示したり，またプリンタに出力することもできる．なおメモリ部のデータは，逆 FFT，自己相関，相互相関など種々の演算ができるようになっている．

FFT アナライザは，各種の機能を備えているため応用範囲は広い．またスペクトラムアナライザと比較して位相の測定ができる特徴があるので，単発のインパルス信号や過渡的な信号などのスペクトラム分析に適している．

（c） 波形ひずみの測定　　ひずみ率 (distortion factor) は波形のひずみの程度を表す係数であり，音響周波数帯では特に重要な測定量である．ひずみ波形の基本波の実効値を A_1 とし，各高調波の実効値をそれぞれ $A_2, A_3, A_4, \cdots$ とすれば，ひずみ率 D は次式で示される．

$$D=\frac{\text{全高調波成分の実効値}}{\text{基本波の実効値}}=\frac{\sqrt{A_2{}^2+A_3{}^2+A_4{}^2+\cdots}}{A_1} \tag{9-6}$$

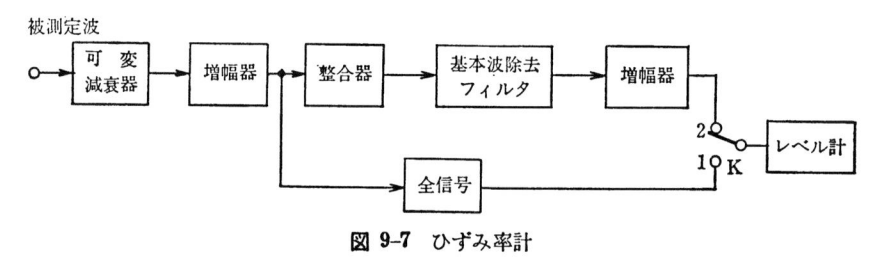

図 9-7 ひずみ率計

ひずみ率の測定には，図 9-7 に示すひずみ率計が広く用いられている．基本波除去のフィルタには，図 9-1（c）のウイーンブリッジ回路などが用いられる．まずスイッチ K を 1 側に入れ，入力レベルを一定値に調整すればレベル計は全信号を指示する．つぎに K を 2 側に入れ，回路を調整してウイーンブリッジを基本波に同調させると，基本波成分は除去され，残りの全高調波成分がレベル計に現れる．このとき，ウイーンブリッジの減衰特性から全高調波に対するゲインが一様にならない．そのため，負帰還によってこれをほぼ一定にする．以上二つのレベル計の読みの比をとれば，ひずみ率が求まる．このばあいの値は，基本波の代わりに全信号を用いているので，式 (9-6) の定義とは異なるが，波形のひずみがあまり大きくなければ誤差は少なく，実用上さしつかえない．また，この全操作を自動化した自動ひずみ率計もある．

その他のひずみ計として，帯域フィルタと高域フィルタの組合わせによるフィルタ法や，高調波のうちの特定の周波数のみを取出して，部品の非直線性を測定するための方法などがある．

第9章　問　題

(1)　リサジュー図形による周波数の測定法について説明せよ．
(2)　周波数ブリッジの一例をあげ，その測定原理を説明せよ．
(3)　ウイーンブリッジを用いた周波数の測定法を述べよ．
(4)　図に示すキャンベルブリッジの平衡条件を求め，周波数が測定できることを示せ．

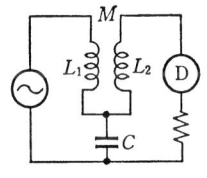

(5)　図に示す共振周波数ブリッジの平衡条件を求め，周波数を表す式を示せ．

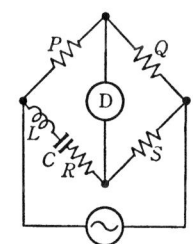

(6)　コンデンサの充放電によって周波数を測定する方法について説明せよ．
(7)　吸収形周波数計で測定精度を高めるための一方法として，共振回路の Q を大きくすることが考えられる．その理由を説明せよ．
(8)　計数形周波数計の原理を述べ，その特徴について説明せよ．
(9)　下図に示す波形をフーリエ級数に展開せよ．

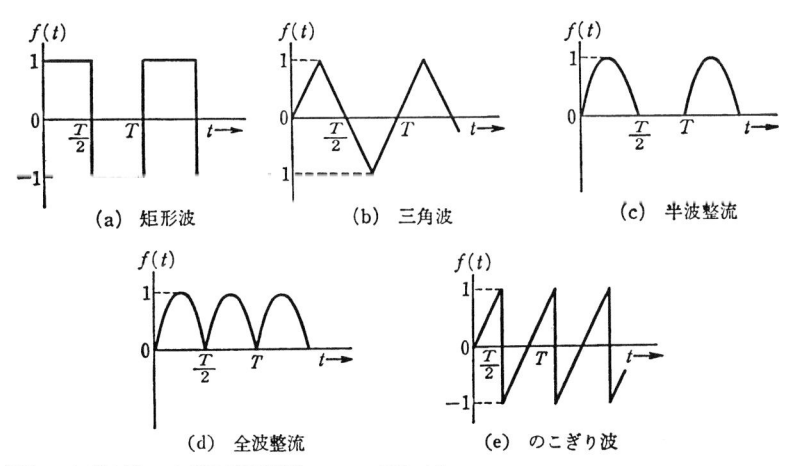

(a) 矩形波　　　(b) 三角波　　　(c) 半波整流

(d) 全波整流　　　(e) のこぎり波

(10)　ひずみ波のひずみ率測定法について述べよ．

第10章 磁気測定

磁気測定の対象は,磁界や磁束密度などの測定と,磁性材料の磁気的特性の測定とに大別される.磁性材料の測定は,磁化特性や鉄損の測定が主なものである.

磁気量と電気量との間には相似性があり,また磁気回路は基本的には電気的な等価回路で表せる.しかし,磁気回路は空間への**漏れ磁束**があり,また大きな非線形性さらには**ヒステリシス現象**があるため,測定が複雑となることもあり,電気量に比べて測定上相違点が多い.また電気量のように,精度の高い標準器も得にくいことから,一般に磁気量に関する測定精度は低かった.

近年,磁性材料の著しい進歩とエレクトロニクス技術の応用により,磁気工学の対象は広範囲に及んでいる.このため磁気量に関する測定法も改良され,高感度で精密な測定法も確立されている.

10-1 磁界,磁束の測定

10-1-1 磁針による測定

水平面で自由に回転できる**小磁針**を細い糸で吊すと,小磁針は地磁気の水平成分方向 H_h をむく.ここで図 10-1 (a) に示すように,H_h と直交する方向に測定磁界 H_m を加えると,小磁針はその合成磁界の方向を指示する.このときの小磁針の偏角 θ を測定すれば,H_m は次式の関係より求められる.

$$H_m = H_h \tan \theta \tag{10-1}$$

なお,θ は同図 (b) に示すように,可動部に取付けた小鏡を用いて光学的に拡大して測定する.

また,磁気能率 M,慣性能率 I の小磁針を磁界 H 中で振動させ,その方向に

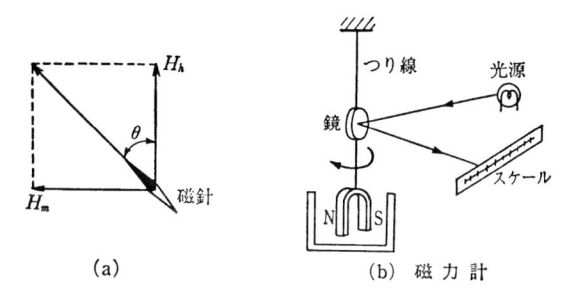

図 10-1 磁針による磁界の測定

むいて停止するまでの振動周期 T は次式となる.

$$T = 2\pi\sqrt{\frac{I}{MH}} \quad (10\text{-}2)$$

この周期からも磁界の測定ができる. いま磁界 H_1, H_2 中での周期をそれぞれ T_1, T_2 とすれば, 式 (10-2) より,

$$\frac{H_2}{H_1} = \left(\frac{T_1}{T_2}\right)^2 \quad (10\text{-}3)$$

となる. この方法によって二つの磁界の比較ができる. また H_1 が既知であれば H_2 を求めることもできる.

磁力計 (magnetometer) はこの原理を用いた磁界の簡単な測定装置であり, 10^{-6} A/m までの感度がある.

10-1-2 サーチコイルによる測定

電磁誘導の法則により, 磁束を電圧に変換して測定する方法である. 巻き数 n, 断面積 A のコイルを磁界中で急激に変化させると, コイルには磁束 ϕ の時間変化に比例した次式の起電力が発生する.

$$v = -n\frac{d\phi}{dt} \quad (10\text{-}4)$$

この目的に使用するコイルを**サーチコイル** (search coil) という. 磁束 ϕ は式 (10-4) の起電力 v を時間積分することによって得られる. この積分には, 衝撃検流計 (ballistic galvanometer) や磁束計 (flux meter) を用いる方法, あるいは電子回路による積分器を利用する方法などがある.

（a） 衝撃検流計による測定　衝撃検流計の動作原理は一般の検流計と同じであるが，可動部の慣性能率を大きく，制御作用を小さくして振動性を高め，振動周期を 20 秒以上に大きくしたものである．したがって，検流計の可動部は，図 10-2（a）のように瞬間的な電流がほぼ流れ終わってから振れはじめ，減衰振動をして止まる．このとき，理論上最初の最大振れ角は，コイルを通過する電流の積分値，すなわち全電荷量に比例する．同図(b)のように，サーチコイルを衝撃検流計に接続し，コイルを測定磁界中から急激に引抜いて磁界が 0 の位置へ移す．このとき，コイルを通過する全電荷量を Q，回路の抵抗を R とすれば，

$$Q=\int_{\phi}^{0} i \, dt = \int_{\phi}^{0}\left(-\frac{n}{R}\right)\frac{d\phi}{dt} dt = \frac{n}{R}\phi \tag{10-5}$$

となる．このとき，衝撃検流計の最大振れ角を θ_m，その比例係数を k とすれば，

$$Q = k\theta_m \tag{10-6}$$

と表せる．この関係から磁束 ϕ と磁束密度 B は次式より求められる．

$$\phi = k\frac{R}{n}\theta_m \quad [\text{Wb}] \tag{10-7}$$

(a) 衝撃検流計の振れ特性

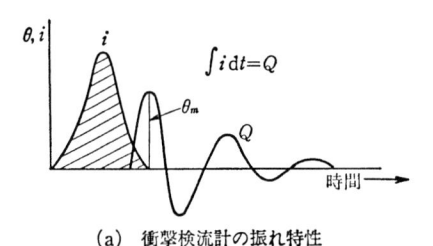

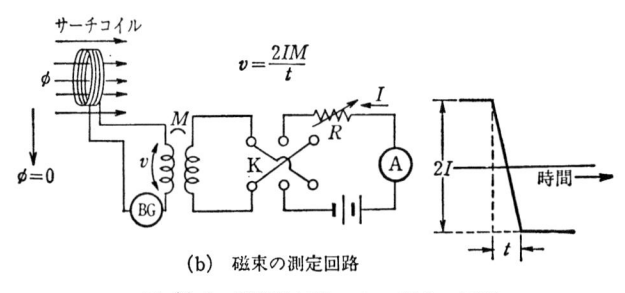

(b) 磁束の測定回路

図 10-2　衝撃検流計による磁束の測定

$$B = \frac{\phi}{A} = k\frac{R}{An}\theta_m \quad [\text{T}] \tag{10-8}$$

ここで，μ_0 を真空中の**透磁率** $4\pi \times 10^{-7}$ [H/m]，μ_S を媒質の比透磁率とすれば，空気中の磁界 H は $\mu_S=1$ より次式から求められる．

$$H = \frac{1}{\mu_0}B = \frac{1}{\mu_0}\frac{kR}{An}\theta_m \quad [\text{A/m}] \tag{10-9}$$

ここで，検流計の比例係数 k は，相互インダクタンス M を用いて決定することができる．同図(b)において，M の1次側に直流電流 I を流しておき，スイッチKを急速に切換えると，M の2次側には起電力 v が発生しBGは振れる．この振れを θ_M，全電荷量を Q_M とすれば，

$$Q_M = \frac{2IM}{R} = k\theta_M \tag{10-10}$$

となる．これより，

$$k = \frac{2IM}{\theta_M R} \tag{10-11}$$

となり，k は I, M, θ_M, R から求めることができる．

(b) 積分器による測定 電子回路による積分器を用いて磁束を測定する方法であり，図 10-3 に回路図を示す．積分器は演算増幅器の入力回路に抵抗 R を，帰還回路にコンデンサ C を接続したものである．積分器にサーチコイルの誘起電圧 v を加えると，次式のように，出力には磁束 ϕ に比例した電圧 v_0 が得られる．

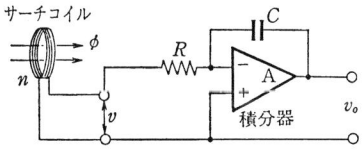

図 10-3 電子式積分器による磁束の測定

$$v_0 = -\frac{1}{CR}\int\left(-n\frac{d\phi}{dt}\right)dt = \frac{n}{CR}\phi \tag{10-12}$$

これより，磁束 ϕ は次式で求められる．

$$\phi = \frac{CR}{n}v_0 \tag{10-13}$$

また，磁束密度が一定のばあいは，コイル面積 A から磁束密度 $B = \phi/A$ を求めることができる．

10-1-3 ホール素子による測定

図 10-4（a）に示すように，Ge，InSb，InAs などの半導体で作られたホール（Hall）素子に電流 I を流し，素子面と垂直に磁束密度 B の磁界 H を加えると，I, B と互いに垂直な方向にホール起電力 V_H が発生する．この V_H は I，B に比例するので，I を一定に保ち，V_H を測定すれば B や H を求めることができる．

ガウスメータはこの原理に基づく磁束密度 B の測定器であり，広く用いられている．同図（b）に回路図の一例を示す．

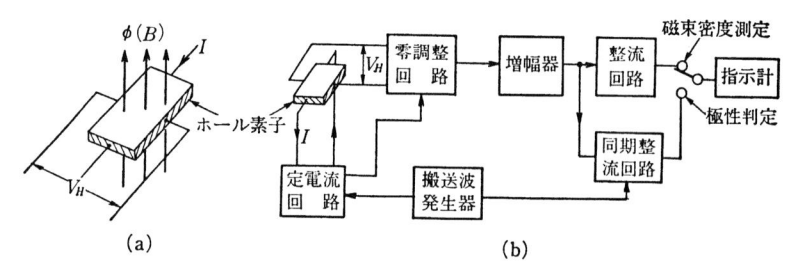

図 10-4 ガウスメータの原理図

この方式の特徴は，ホール素子の構造が簡単で機械的に動く部分がないため丈夫で安定であり，また小型で薄くできるので局部や狭い間隙の磁束の測定も容易にできる．実用的には 1 kHz 程度の交流電流 I で素子を駆動し，測定磁界で変調する方式を用いて安定な増幅と SN 比の改善をはかっている．これより極性の判定もできる．またホール素子の不平衡電圧を自動的に零調整する回路も考案されている．

一般用のガウスメータでは，測定磁界が DC〜500 Hz で 20×10^{-4}〜30 T 程度の磁束密度の測定ができる．

10-1-4 磁気変調器による測定

磁気変調器（magnetic modulator, magnetogate）の原理を利用した高感度の磁界の測定法である．図 10-5 のように，強磁性体の磁心に励磁コイルを巻き，磁心に周波数 f の交流磁界 H_e を加え，これに測定磁界 H を平行に重畳させる．このとき図 10-6（a）に示すように，磁心の **B-H 曲線**の飽和特性に

図 10-5 磁気変調器

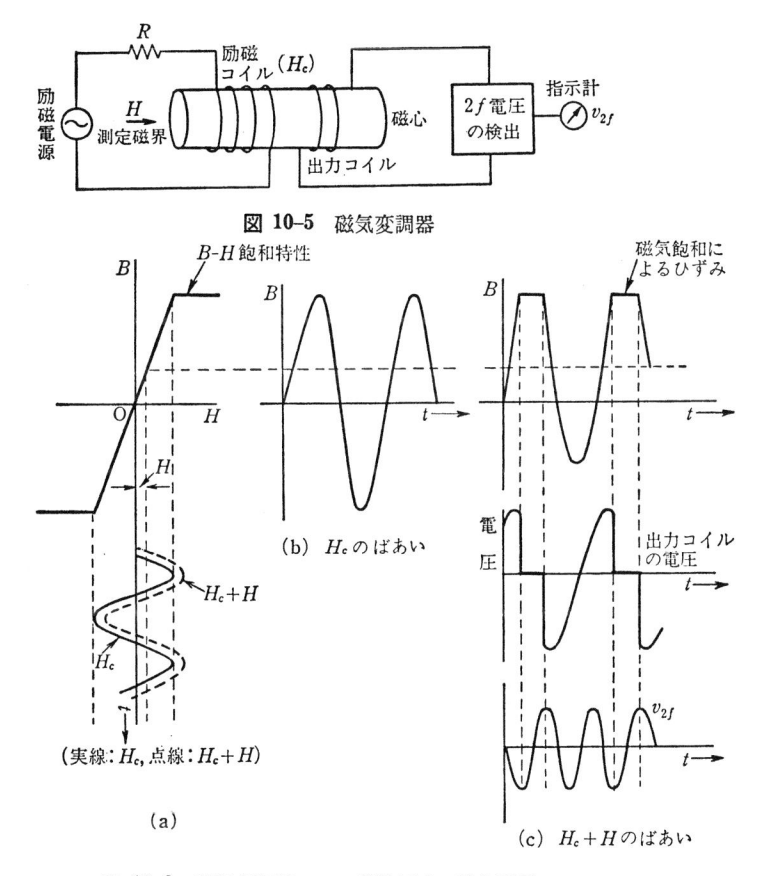

図 10-6 磁気変調器による磁界測定の動作原理

よって磁性体内の磁束密度 B は，H_c とこれに H が加わった H_c+H のばあい，同図(b)，(c)のような時間変化を示す．すなわち，(c)では H により B が正負非対称なひずみ波形となり，磁心の出力コイルの電圧 dB/dt には $2f$ の成分が含まれてくる．この $2f$ 成分の電圧 v_{2f} は測定磁界 H に比例することから，これを測定すれば H を求めることができる．

この方法では，10^{-4} A/m 程度の高感度の測定ができる．

10-1-5 その他の測定法

高精度の磁界の測定に，**核磁気共鳴吸収** (nuclear magnetic resonance；略称

NMR) を利用する方法がある．図 10-7 のように，磁気モーメント M をもつ原子核に外部磁界 H を加えると，M は H 方向を軸にこまのようにラーモア (Larmor) の**才差運動**をする．そこで，これと等しい周波数の高周波磁界 H_f を外部から直角に加えると，原子核は共振を起こしてエネルギーを吸収する．この現象を核磁気共鳴吸収という．このときの共振周波数 f_r は次式となる．

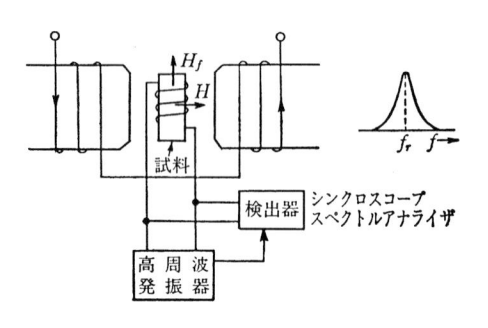

図 10-7 核磁気共鳴装置

$$f_r = \frac{\gamma B}{2\pi} \tag{10-14}$$

ここで，γ はジャイロの磁気比とよばれ，原子核によってきまる定数である．したがって，物質がわかっていれば f_r を測定して磁界 H を求めることがでる．たとえば水素の原子核（プロトン）では，$\gamma = 2.6751987 \times 10^8$ であり，$B = \mu_0 H = 1$ T において $f_r = 42.58$ MHz で共振し鋭い吸収が観測される．

式 (10-14) で $\gamma/2\pi$ は定数であるから，磁界 H の測定精度は f_r の測定精度できまる．一般に，f_r はシンクロスコープやスペクトラムアナライザなどで測定する．普通この方法の精度は 10^{-5} 程度であるが，10^{-8} 程度まで高くすることもできる．

最近，高感度の磁界測定法として，ジョセフソン効果を応用した**超伝導量子干渉素子** (super-conducting quantum interference device；略称 SQUID) が用いられ，10^{-15} T 程度のきわめて微小な磁束密度を測定することができるようになった．この測定法は，地磁気のわずかな変動の検出や医学の分野で生体が発する磁気，たとえば心臓の活動電流によって誘起される磁界分布，脳の活動で発する脳磁波等の生体情報，またX線では検出できない肺の内部に蓄積した微細な粉塵の量と分布などの検出に応用されはじめている．

10-2 磁性材料の磁化特性の測定

磁性材料中の磁界の強さ H と磁束密度 B との関係を磁化特性といい，材料の磁気的性質を知る上で重要である．一般に，磁化特性は**初期磁化曲線**（normal magnetization curve）と**ヒステリシスループ**（hysteresis loop）で表される．図 10-8 に磁化特性を示す．材料に加える磁界 H を 0 から次第に増加していくと，磁束密度 B は O→a→b のように変化し，b 点で飽和する．この曲線を初期磁化曲線という．b 点で H と B は最大値 H_m，B_m となり，それぞれ**飽和磁界，飽和磁束密度**という．また初期磁化曲線の μ_i と μ_m をそれぞれ**初透磁率，最大透磁率**といい，$\mu_d =$ dB/dH を**微分透磁率**という．つぎに H を変化し飽和させると図

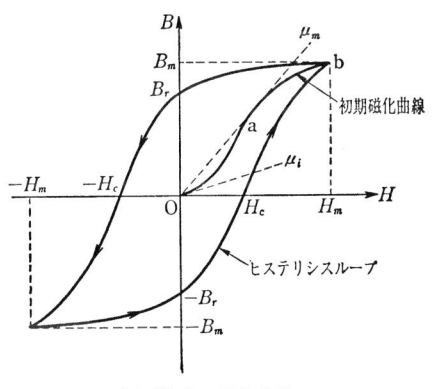

図 10-8 磁化特性

のようなヒステリシスループが得られる．$H=0$ のときの B_r を**残留磁束密度**（residual flux density）といい，B を 0 にするための逆磁界 H_c を**保磁力**（coercive force）という．

棒状試料に外部磁界を加えると，磁化された試料の両端に外部磁界と逆むきの反磁界が現れ，同一材料でも寸法が違うと等しい外部磁界に対して，異なる磁化特性を示す．したがって，磁化特性の測定では，この影響を避け，精度を上げるために磁路の閉じた環状試料を用いる．また同一試料でも，直流の測定と交流の測定では特性が著しく相違しているため，直流と交流の測定法がそれぞれ開発されている．

10-2-1 直流磁化特性の測定

（a） 磁化曲線　環状試料を用いた測定法を図 10-9 に示す．試料を直流電流により徐々に励振し，この励振によって，2 次コイルに発生する誘起電圧を測

定して磁束密度を求める方法である．同図(a)のように，断面積 A，平均磁路長 l の環状試料に巻き数 n_1 の励磁コイルを一様に巻く．また試料の一部にサーチコイルを n_2 回巻きこれを磁束計に接続する．まず，試料を減磁して残留磁気を消磁する．スイッチ K_3 を開き，K_1 の反転切換えをしながら電流 I の大きさを次第に減少させ，最後に $I=0$ にする．または反転をさせる代わりに商用周波の交流電流を用いる方法もある．

つぎに初期磁化曲線を求めるには，K_2, K_3 を閉じ I を小さな値にして K_1 を数回反転して磁束を安定にする．このとき，試料は同図(b)の P, P' を頂点とするヒステリシスループをたどり，磁束計 F で測定される磁束変化は 2 倍となる．したがって，磁化力 H と磁束密度 B は，

$$H = \frac{n_1 I}{l}, \qquad B = \frac{F}{2An_2} \tag{10-15}$$

となり，P 点はこの B, H の値で定まる．

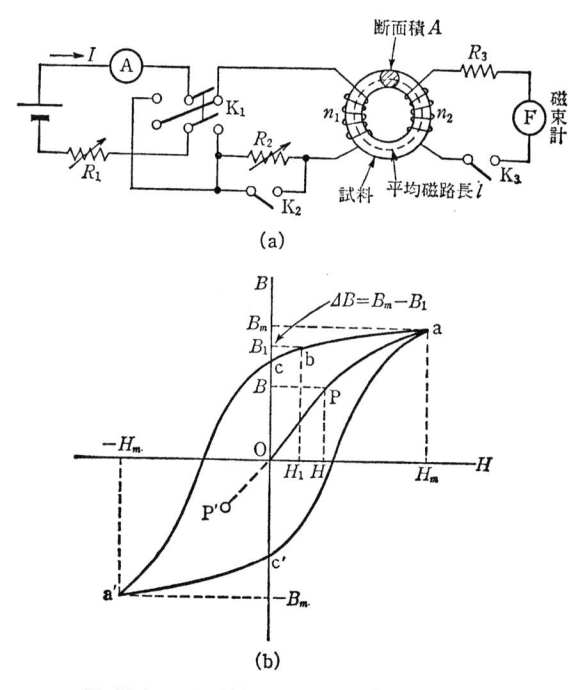

図 10-9 環状試料を用いた磁化特性の測定

つぎに R_1 を減少して電流 I を増加し，つぎつぎに各点の電流に対して上述の測定を繰返せば初期磁化曲線 Oa が求まる．

(b) ヒステリシスループ 図 10-9 において，試料の**消磁**をしてから K_2 を閉じ電流 I を H_m が生じる値に設定し，K_1 を数回反転して磁束を安定にしておき a の状態におく．つぎに K_3 を閉じ R_2 を増加して，K_2 を開いたとき電流が I_1 に減少するようにあらかじめ調整しておき K_2 を急に開く．このとき磁化力が H_1 になったとすれば，磁束計は $\Delta B = B_m - B_1$ の磁束密度の変化を指示し，座標 (H_1, B_1) の b 点がきまる．このように a の状態を基準にして a→c→a' の部分がきまる．またループの下側 a'→c'→a は，a' を基準にして同様な測定を繰返せば全ヒステリシスループがきまる．

(c) 磁化曲線の自動記録 磁束計の代わりに，電子回路を応用した積分回路を用いると，磁化曲線を短時間で自動的に精度よく測定することができる．図 10-10 に測定の原理を示す．可変電流源からの電流 I を徐々に増加させたとき，I すなわち，H に比例した電圧 V_1 を X-Y 記録計の X 端子に加え，一方，磁束 ϕ に比例した積分器の出力電圧 V_2 を Y 端子に加えれば，磁化曲線の自動記録ができる．

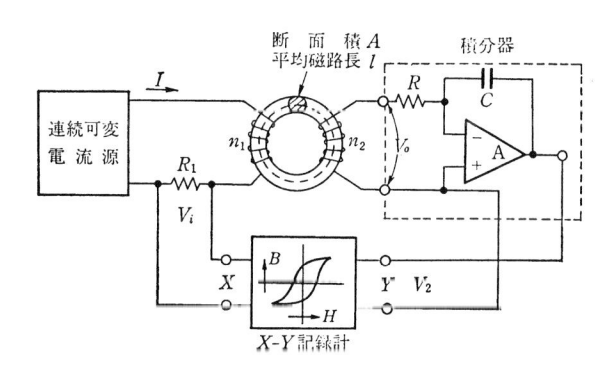

図 10-10 磁化曲線の自動記録法

10-2-2 交流磁化特性の測定

磁性材料は交流で使用するばあいが多いので，磁化特性の交流測定が必要となる．交流のヒステリシスループは，うず電流のため直流の特性と異なり，また同

じ周波数でも磁界を正弦波電流で励磁するばあいと，磁束を正弦波電圧で取出すばあいとで異なる．したがって磁化の測定条件を指定する必要がある．

図 10-10 において，電源に交流を，X-Y 記録計の代わりに，ブラウン管オシロスコープを用いれば交流のヒステリシスループを直視することができる．励磁電流 I による R_1 の電圧降下 V_i をオシロスコープの水平軸に加える．このときの磁界 H は，

$$H = \frac{n_1 V_i}{R_1 l} \tag{10-16}$$

となる．つぎに積分器からの出力電圧 V_2 をオシロスコープの垂直軸に加える．このときのサーチコイルの出力電圧を V_o とすれば，

$$V_2 = -\frac{1}{CR}\int V_o\,dt = \frac{n_2 AB}{CR} \tag{10-17}$$

となり，B は次式となる．

$$B = \frac{CRV_2}{n_2 A} \tag{10-18}$$

これより，ブラウン管面には交流のヒステリシスループが描かれる．この方法は，商用周波数はもちろん高周波でもしばしば用いられる．また簡便で小さい試料の測定もできるが，精度が悪いので定量測定にはあまり用いられない．

また，励磁電流と積分器の出力電圧の瞬時値を，それぞれ周期ごとにサンプリングし，X-Y 記録計に加えて位相を 0 から 2π まで掃引して交流磁化特性を精度よく自動記録する方法もある．この方法では，30 Hz～30 kHz の周波数範囲で ±1% 程度の精度が得られる．

10-3 鉄損の測定

磁性材料を交流で使用すると，ヒステリシスやうず電流の発生によってエネルギー損失が生じる．これらをまとめて**鉄損**（iron loss）といい，材料の良否をきめる重要な要素となっている．鉄損の測定法はいろいろあるが，商用周波数用か高周波用かで二通りに大別できる．商用周波数のばあいは，ケイ素鋼板などが主な測定対象であり，エプスタイン（Epstein）法が標準的で最も広く用いられている．また高周波帯ではパーマロイ，フェライトなどが対象であり，主にブリッ

ジ法や Q メータ法が利用される．

10-3-1 エプスタイン法

この装置は一定規格の試料の鉄損を，電力計法の原理を応用して工業的に測定する装置であり，JIS C 2250 に規定されている．試料の寸法により 50 cm 装置と 25 cm 装置の 2 種類があり，後者が広く用いられる．図 10-11（a）に 25 cm エプスタイン試験器の概要を示す．長さ 28 cm，幅 3 cm，全重量約 2 kg の短冊形試料を 4 組の正方形コイルを通して平均磁路長 25 cm ×4=1 m の閉磁路を作る．各辺の 1 次および 2 次コイルはそれぞれ直列に接続され，1 次，2 次とも全巻き数は通常 700 回である．同図（b）のように，1 次コイルは電流計 A と電力計 W の電流コイルを通して周波数 f の電源に接続される．2 次コイルには電圧計 V と W の電圧コイルが並列に接続される．これより，所定の最大磁束密度 B_m における鉄損を電力計から求めることができる．まず，1 次コイルの励磁電流によって 2 次コイルの誘起電圧 v_2 を求める．2 次コイルの巻き数を n_2，$\phi = \phi_m \sin \omega t$ とすれば，

$$v_2 = -n_2 \frac{d\phi}{dt} = \omega n_2 \phi_m \sin(\omega t - 90°) \tag{10-19}$$

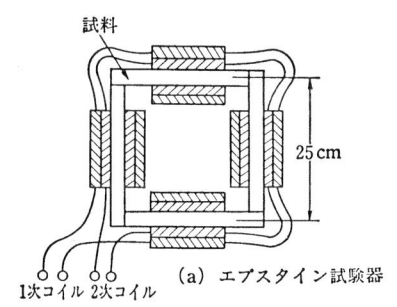

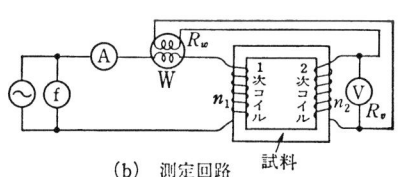

図 10-11 エプスタイン装置による鉄損の測定

となり，v_2 の実効値 V_2 は，

$$V_2 = \omega n_2 \frac{\phi_m}{\sqrt{2}} \tag{10-20}$$

となる．試料の断面積を A とすれば，B_m は次式から求められる．

$$B_m = \frac{V_2}{\sqrt{2}\pi f n_2 A} \tag{10-21}$$

すなわち，V_2 より所定の最大磁束密度 B_m を求めることができる．なお試料の密度を d，重量を M，平均磁路長を l とすれば，$A=M/ld$ となる．

つぎに，電力計の読みを P とし，電圧計の抵抗を R_v，電力計の電圧コイルの抵抗を R_w とすれば，所定の B_m に対する鉄損 P_i は，

$$P_i = P - \left(\frac{1}{R_v} + \frac{1}{R_w}\right)V^2 \qquad (10\text{-}22)$$

より求められる．

計測器のデジタル化により，エプスタイン装置でも電圧計，電流計にデジタル形を，また電力計には時分割形乗算器を使用して自動的に測定する装置が現れている．

10-3-2 交流ブリッジ法

交流ブリッジを用いて，試料に巻いたコイルの実効抵抗と実効インダクタンスを測定すれば，鉄損と実効透磁率を計算で求めることができる．ブリッジは，原理的にインダクタンスを測定するブリッジであればよく，マクスウェルブリッジ，ヘイブリッジ，変成器ブリッジなどが用いられる．ここでは一例として図10-12のマクスウェルブリッジを用いるばあいを示す．コイルの実効抵抗を R_x，実効インダクタンスを L_x とすれば，平衡条件は，

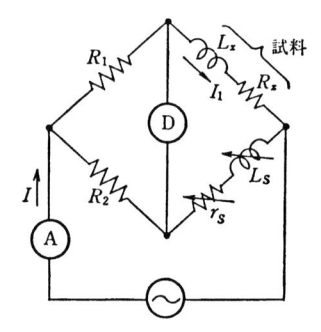

図 10-12 交流ブリッジによる鉄損の測定

$$R_x = \frac{R_1}{R_2} r_s, \qquad L_x = \frac{R_1}{R_2} L_s \qquad (10\text{-}23)$$

である．ここで，電源電流を I，R_x に流れる電流を I_1 とすれば，コイルの全損失は $I_1^2 R_x$ であり，これは鉄損と銅損の和を表す．したがって，コイルの直流抵抗を R_d とすれば $R_x - R_d$ が鉄損に対する等価抵抗となり，また $I_1 = IR_2/(R_1+R_2)$ であるから鉄損 P_i は，

$$P_i = I_1^2 (R_x - R_d) = \left(\frac{IR_2}{R_1+R_2}\right)^2 (R_x - R_d) \qquad (10\text{-}24)$$

となる．

また，試料の断面積を A，平均磁路長を l，コイルの巻き数を n とすれば，実効透磁率 μ_x は，

$$\mu_x = \frac{lL_x}{An^2} \tag{10-25}$$

として求めることができる．

第 10 章 問 題

（1） 磁束の測定法について説明せよ．
（2） 環状鉄心を用いて磁化曲線を求める方法を説明せよ．
（3） ヒステリシスループの直視装置の原理を説明せよ．
（4） エプスタイン装置による鉄損の測定法を説明せよ．

第11章 光 の 測 定

　光の測定というと，従来，照度，輝度など人間の視覚に結びついた測定が行われてきたが，近年レーザ技術が発展し，時間的，空間的にコヒーレントな電磁波として扱うことができるようになった．ここでは，レーザ光のようなコヒーレントな光の測定について述べる．

　光の測定は，エネルギー，パワー，波長などの基本量の測定をはじめ，光ファイバなどの伝送路評価や光デバイス（回路素子）の評価などの測定に分けられる．ここでは，基本量の測定に限って述べる．

11-1 光パワーとエネルギーの測定

　レーザ出力の測定には，光通信（情報伝送・処理）分野での微小パワーから加工機分野での大パワーの範囲の測定が必要である．

　光パワーメータは原理上，熱変換形と光電変換形の二つに大別できる．熱変換形の代表的なものは，センサとしてサーモパイル，パイロエレクトリックセンサなどを用い，波長による感度差が少なく，センサの表面反射係数が小さいが，最小入力感度が低いため微小パワーの測定には不向きであり，温度，圧力などの影響を受けやすく，応答が遅いなどの特性をもっている．一般に熱変換形は精度を必要とする標準器として使用されることが多い．

　これに対し，光電変換形では，センサとしてはフォトダイオード，フォトマルチプライアなどを用いる．光電変換形は，感度が良い，応答が速いなどの特徴を

11-1 光パワーとエネルギーの測定

もつが，波長感度差が大きく，表面反射係数が大きいなどの欠点をもつ．

図 11-1 は光電変換形パワー測定器のブロック図で，光センサとしては，用途によりシリコン (Si)，ゲルマニウム (Ge)，インジウム-ガリウム-ヒ素 (InGaAs) などを素材としたフォトダイオードが用いられる．フォトダイオードの P-N 接合部に光があたると電流が発生し，これを演算増幅器で I-V 変換してから A/D 変換したのち，CPU により暗電流補正，波長感度補正，対数変換などの演算処理を行って光パワーの表示をする．最小入力感度は，1～10 nW (−60～−50 dBm)[1] である．感度を上げるにはチョッパ増幅器を使用すれば 1～10 pW (−90～−80 dBm) の感度が得られる．

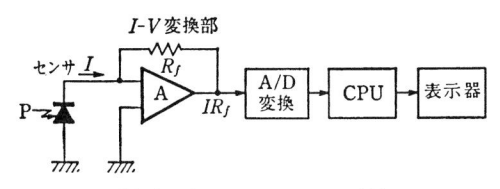

図 11-1 光パワーメータの原理

光電変換形のセンサを用いるとき注意しなければならないことは，光の波長に対し感度特性が平坦ではないことで，図 11-2 のような波長感度特性をもっている．たとえば，Si フォトダイオードは 0.5～1.1 μm，Ge フォトダイオードは 1～1.7 μm の測定に適する．センサの校正はある1波長で行われるので，校正波長以外で使用するときは各センサの感度を補正する必要がある．また光パワーメータは基本的にレーザ光や LED のようなスペクトラム幅の狭い光のパワーを測定するのに適しており，スペクトラム幅の広い光の絶対パワーを測定すると誤差が大きくなることに注意しなければならない．

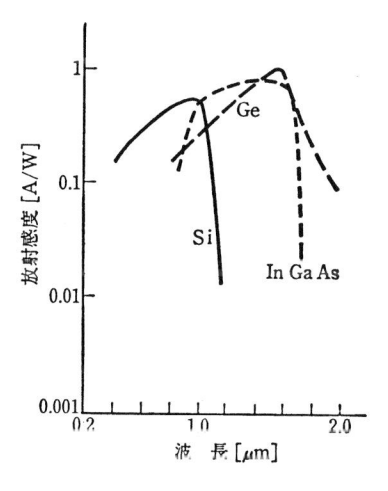

図 11-2 各種フォトダイオードの波長—放射感度特性

その他，センサの受光面に光のあたる位置による誤差や，入射ビームの角度に

---

1) nW：10^{-9} W, dBm：1 mW を 0 dB としたレベル表示法

よっても誤差を生じることがある.

11-2 光の波長の測定

光の波長を測定する方法としては,従来の分光器を用いる方法,マイケルソン干渉計による方法,光波長板を用いる方法などがある.分光器を用いる方法は,スペクトラムアナライザに組込み,各波長に対応した光パワーを測定し,そのスペクトラムからピーク波長または中心波長を求めるものであり,これについては次節で述べる.

マイケルソン (Michelson) 干渉計 (図 11-3) による方法は,安定した波長の基準光(たとえば 632.8 nm の He-Ne レーザ)と入射光を干渉させ,走査反射鏡の移動により干渉光に強度変化を起こさせる原理を利用したものである.この方法は,基準光としてきわめて安定な波長の光を使用するため,精度のよい測定ができる.しかし,被測定光のスペクトラム幅により分解能が変化する欠点がある.

水晶を用いる方法は,図 11-4 に示すように,水晶の光軸方向に直線偏向光を入射させると,旋光角が波長により変化するという性質を利用したものである.まず無偏向光を入力として加え,偏向子で二つの直交する偏波光に分離し,そのうち一つの偏波光だけを水晶に加える.水晶を通過するとき,偏波面は水晶の厚さと光の波長によって回転角が変わるので,もし厚さが一定ならば回転

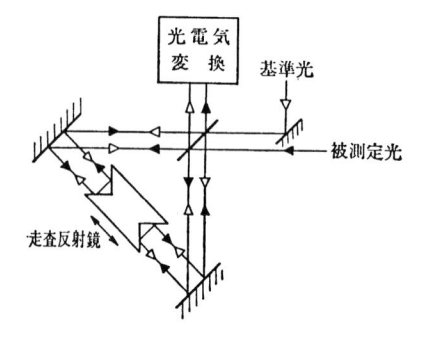

図 11-3 走査形マイケルソン干渉計

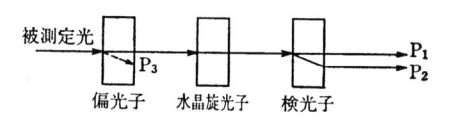

図 11-4 水晶旋光子を用いた波長フィルタ

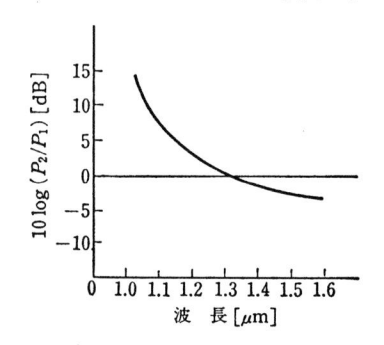

図 11-5 波長フィルタの特性

角を測定することによって波長が求まる．実際には，水晶旋光子の出力を検光子で二つの直交する偏波光に分離し，その光パワー（P_1, P_2）を測定して，図11-5に示す特性から波長が求められる．

11-3 光スペクトラムの測定

光スペクトラムの分析を行うには，普通光スペクトラムアナライザが用いられる．発光素子のスペクトラム分布や，発光波長を測定したり，光ファイバ，フィルタなどの損失波長特性を測定するなど，広い応用分野がある．

光スペクトラムアナライザに使用される分光方式には，大別して干渉分光方式と，分散分光方式の2方式に分けられる．前者にはマイケルソン干渉計やファブリーペロー干渉計が含まれ，後者にはプリズムや回折格子による分光がある．マイケルソン干渉計は，被測定光をビームスプリッタ（半透過鏡）により2光束に分割し，その2光束に光路差を与えたのち，重ね合

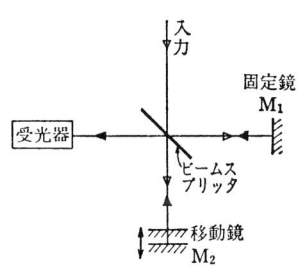

図11-6 マイケルソン干渉計

わせたときに生ずる干渉の強度変化が波長の関数であることを利用した分光である．図11-6のように固定鏡M_1と移動鏡M_2を用いて光路差を与えて干渉光を観測する．このとき，移動鏡を移動させるとインターフェログラムという信号が得られる．これを逆フーリエ変換することにより，もとのスペクトラムを得ることができる．この方法は逆変換の演算処理が早ければ，波長帯域に無関係に短

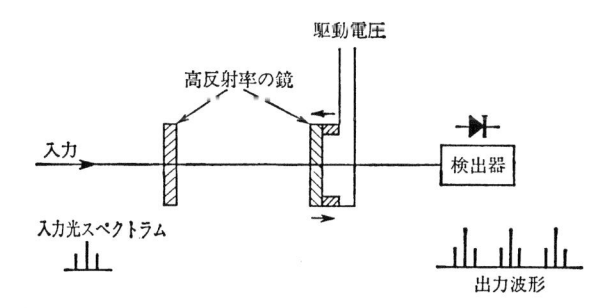

図11-7 ファブリーペロー干渉計

時間での測定が可能である．

ファブリ-ペロー干渉計 (Fabry-Pérot interferometer) は，図 11-7 のように反射率の高いミラーを2枚むかい合わせたもので，その間を光が多重反射するようにしたものである．この鏡の間隔をピエゾ素子により電気的に変えることにより狭帯域の掃引形フィルタになり，分解能を高めることができる．しかし測定光が広い幅のスペクトラムをもつと波形が重なってしまうという欠点がある．鏡は十分な平面度が要求され，また精密に平行を保ったまま動かすことが大切である．

つぎに回折格子を用いる分光方式について述べる．回折格子は，図 11-8 のように鏡の上に

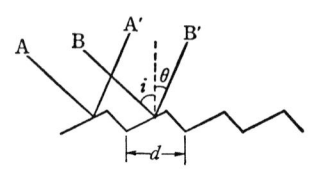

図 11-8 回折格子
$m\lambda = d(\sin i - \sin \theta)$

非常に細かい溝（1ミリあたり 40〜2000 本）を切ったもので，回折光はその方向によって干渉のために強度が変化する．強度が強まるのは光路 A と光路 B の光路差が入射波長の整数倍になるような方向である．入射角 i，反射角 θ，溝の間隔を d，波長を λ とすると，

$$m\lambda = d(\sin i - \sin \theta) \tag{11-1}$$

の関係がある．ここで，m は次数とよばれる．1次の波長 λ と2次の波長 $\lambda/2$ は同じ回折方向をとる．そこで不用光はフィルタなどで除去する必要がある．

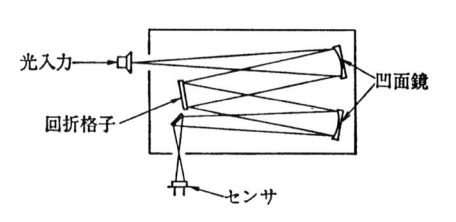

分光器の一例として，ツェルニーターナ (Czerny-Turner) 形分光計を図 11-9 に示す．点光源の入射光は，凹面鏡で平行にした回折格子にあてると波長によって回折する方向が変わる．回折された特定波長の光は集光鏡で集光し，受光センサで電気量に変換して波長に応じた電気信号を得る．波長の選択は回折格子をステッピングモータなどで回転させ，これと CRT の横軸を同期させることにより，CRT 管面上に光スペクトラムを表示する．波長分解能は 0.1〜1 nm 程度である．スペクトラムの中心波長をデジタル表示するものがある．

図 11-9 ツェルニーターナ形分光計

問題解答

第1章
(1) 1-1-2 誤差参照
(2) 平均値 6.48 V, 標準偏差 0.02 V
(3) 1-1-3 正確さと精密さ参照
(4) 誤差 2.5 V, 指示誤差 10%
(5) 1-2-4 標準器（b）の図 1-10 参照
(6) $-40.72\,\mu\mathrm{V}$

第2章
(1) 2-1-2 指示電気計器の構成参照
(2) 2-1-2 図 2-3（b）参照
(3) 電圧計の指示値 80.6 V, 測定誤差 −19.4 V
(4) 熱電形電流計のばあい 0.707 V, 可動コイル電流計のばあい 0.5 A
(5) 電流計のばあいは並列に 0.0005 Ω を接続
電圧計のばあいは直列に 2985 Ω を接続

第6章
(3) 6-1-1 直流電流の測定, 6-1-2 交流電流の測定参照
(4) 6-3 電位差計による測定参照
(5) 6-3-1 図 6-5 参照
(6) 6-3-2 電位差計の応用（a）参照
(7) 6-4-1 導体電流の測定, 式 (6-10) より, 50 A
(8) 6-4-2 衝撃電流の測定参照
(9) 6-4-3 電圧波高値の測定参照

第7章
(1) 7-1 直流電力の測定, 式 (7-1) 参照
(2) 7-1 直流電力の測定, 式 (7-1) より, 868 W
(3) 7-2-1 単相電力の測定（b）, 式 (7-3) より, 915 W
(4) 7-2-1 単相電力の測定（b）, 式 (7-5) より, 76.3 W
(5) 7-2-2 多相電力の測定（b）参照
(6) （5）と同様

第8章
(1) 8-1-1 中位抵抗の測定（a）参照

(2) 8-1-1 中位抵抗の測定（b）参照
(3) 8-1-2 低抵抗の測定参照
(4) $G = \dfrac{1}{P/QR - 1/S}$
(5) 8-1-2 低抵抗の測定（a），（b），（c）参照
(6) 8-1-2 低抵抗の測定（a）参照
(7) 8-1-3 高抵抗の測定（a），（b），（c）参照
(8) 8-1-3 高抵抗の測定（a），（c）参照
(9) 8-1-3 高抵抗の測定（b），式 (8-17) より，$3.56 \times 10^{11}\ \Omega$
(10) 8-1-4 特殊抵抗の測定（a）参照
(11) 8-1-4 特殊抵抗の測定（b），式 (8-20) より $0.36\ \Omega$
(12) 8-1-4 特殊抵抗の測定（c）参照
(13) 8-1-4 特殊抵抗の測定（d）参照
(14) 8-2-1 インピーダンスの測定（a）参照
(15) 8-2-1 インピーダンスの測定（c）参照
(16) (15)と同様
(17) 8-2-1 インピーダンスの測定（c），式 (8-40) より $\delta = 8.17 \times 10^{-5}$ rad
(18) 8-2-2 交流ブリッジ（a）参照
(19) 8-2-2 交流ブリッジ（a），（b）参照
(20) 8-2-3 各種交流ブリッジ（a）参照
(21) 8-2-3 各種交流ブリッジ（c）参照
(22) 8-2-3 各種交流ブリッジ（d）参照
(23) 8-2-3 各種交流ブリッジ（e）参照

第 9 章

(1) 9-1-3 低い周波数の測定（d）参照
(2) 9-1-3 低い周波数の測定，図 9-1 参照
(3) (2)と同様，$f = 1/(2\pi CR)$
(4) $f = 1/(2\pi\sqrt{MC})$
(5) (2)と同様，$f = 1/(2\pi\sqrt{LC})$
(6) 9-1-3 低い周波数の測定（c）参照
(7) 3-4 共振回路参照
(8) 9-1-4 高い周波数の測定（c）参照
(9) （a） $f(t) = \dfrac{4}{\pi}\left(\sin \omega t + \dfrac{\sin 3\omega t}{3} + \dfrac{\sin 5\omega t}{5} + \cdots\right)$

（b） $f(t) = \dfrac{8}{\pi^2}\left(\sin \omega t - \dfrac{\sin 3\omega t}{3^2} + \dfrac{\sin 5\omega t}{5^2} + \cdots\right)$

(c) $f(t) = \dfrac{1}{\pi} + \dfrac{\sin \omega t}{2} - \dfrac{2}{\pi}\left(\dfrac{\cos 2\omega t}{1 \times 3} + \dfrac{\cos 4\omega t}{3 \times 5} + \cdots\right)$

(d) $f(t) = \dfrac{2}{\pi} - \dfrac{4}{\pi}\left(\dfrac{\cos 2\omega t}{4-1} + \dfrac{\cos 4\omega t}{16-1} + \dfrac{\cos 6\omega t}{36-1} + \cdots\right)$

(e) $f(t) = \dfrac{2}{\pi}\left(\sin \omega t - \dfrac{\sin 2\omega t}{2} + \dfrac{\sin 3\omega t}{3} + \cdots\right)$

(10) **9-2-1** ひずみ波形の分析法参照

第 10 章

(1) **10-1** 磁界,磁束の測定参照
(2) **10-2** 磁性材料の磁化特性の測定参照
(3) **10-2-2** 交流磁化特性の測定参照
(4) **10-3-1** エプスタイン法参照

索引

ア
RS232C　94
アクティブフィルタ　52
アドミッタンス　49
アナログ計器　16
アナログ測定　65
アナログフィルタ　50
アパーチャ時間　67
アルニコ鋼　24
アンダーソンブリッジ　142
アンペア時　35
アンペアの絶対測定　10

イ
位相角　118
位相検波回路　79
位相検波器　60
位相補償　44
板状絶縁物の抵抗測定　132
移動磁界　35
イマジナリショート　43
インタフェース管理バス　96
インテリジェント化　72
インパルス応答　92

ウ
ウィーヘルト法　131
ウイーンブリッジ発振器　54
ウエストン電池　13
うず巻ばね　18

エ
エアトンペリー巻　135
永久磁石　22
A／D変換器　65
SI単位系　8
X-Y記録計　40
FFTアナライザ　90, 157
エプスタイン法　170, 171
MKS単位系　8
MK鋼　24
MSB　67
LSB　67
LC発振器　53
エレクトロニックカウンタ　75
エレクトロニック電力計　82
円環保護電極　133
エンコーダ　70
演算増幅器　42
円板電極　132

オ
オシロスコープ　83
帯状ばね　18
オペアンプ　42
オルタネート方式　86
折れ線近似回路　56, 58
温度補償法　26

カ
回転磁界　35
外部臨界制動抵抗　34
ガウスメータ　164
核磁気共鳴吸収　165
角周波数　48
確率曲線　3
加減抵抗辺　123
過制動　19
架線電流計　106
可動コイル形計器　22
可動鉄片計器　27
可変周波数発振器　60
緩衝増幅器　60
環状試料　167
慣性能率　160
間接測定　5
感度　5

キ
輝度　174
Q　49
球ギャップ　108
吸収形周波数計　153
Qメータ　81
Qメータ法　147
共振回路　48
共振曲線　49
共振周波数　166
共振尖鋭度　49
共振測定法　146
強制同期方式　84
記録図紙　39
金属皮膜抵抗器　134

ク
偶然誤差　2
駆動装置　18
駆動トルク　18
クロスキャパシタ　10, 12
クロススペクトラム　92

ケ
計器用変圧器　37

計器用変成器　37
計測システム　93
ケイ素鋼板　170
系統誤差　2
計量装置　35
原子周波数標準　150
原子時計　11
減衰器　46

コ
高域フィルタ　50
光示式　20
高周波ブリッジ　145
公称変圧比　37
公称変流比　38
校正　2, 101
高速フーリエ変換　157
交直比較用計器　29
高抵抗形電位差計　102, 103
交流電位差計　105
交流電力計　35
交流ブリッジ　134
交流用標準抵抗器　134
コールラウシュブリッジ　129
国家標準　14
誤差　1
誤差伝搬の法則　5
誤差百分率　2
個人誤差　2
コヒーレンス関数　92
コンスタンタン　32, 134
コンダクタンス　50
コントローラ　96

サ
サーチコイル　161
サーボモータ　40
才差運動　166
最大透磁率　167
サセプタンス　50
3端子コンデンサ　139
三電圧計法　111
三電流計法　111
残留インダクタンス　134
残留磁気　107
残留磁束密度　167
サンプリング　68, 157
サンプリング定理　68, 87
サンプルホールド回路　68

シ
CR発振器　53

索引

シーケンシャルサンプリング　87
cgs 静電単位系　8
cgs 電磁単位系　8
GP-IB　94
シェーリングブリッジ　143
磁界　160
磁化曲線　167
磁化特性　160
磁気能率　160
磁気変調器　164
磁鋼片　107
自己相関数　92
視差　20
指示電気計器　16
指針　20
磁束計　168
磁束密度　23, 160
実時間アナライザ　88
時定数　57, 135
自動記録　169
自動計測システム　93
始動掃引同期方式　85
自動平衡記録計器　40
時分割乗算器　115
遮断周波数　51
周波数カウンタ　75, 155
周波数シンセサイザ　60, 150
周波数の標準　150
周波数ブリッジ　152
受動フィルタ　50
シュミット回路　58
衝撃検流計　34, 162
消磁　169
小磁針　160
照度　174
初期磁化曲線　167
ジョセフソン接合　10, 11
初透磁率　167
磁力計　161
シンクレアブリッジ　145
シンクロスコープ方式　85
新KS鋼　24
振動周期　34, 161
振動片形周波数計　151

ス

水晶周波数標準器　150
水晶振動子　54
水晶発振器　54, 150
スプリアス　61
スペクトラム　156
スペクトラムアナライザ　88, 157
すべり抵抗線　129
スルーレート　45

セ

正確さ　4
正帰還　53
制御装置　18
制御トルク　18
正弦波発振器　53
静電形計器　32
静電遮へい　138, 139
精度　5
制動磁石　36
制動装置　19
制動トルク　19
精密さ　4
精密測定　101
整流計器　30
整流増幅形電子電圧計　72
積算計器　35
セシウム原子標準器　150
絶縁抵抗計　128
接触電位差　100
接地　130
接地抵抗計　132
接地抵抗の測定　130
セトリング時間　46
ゼロビート　154

ソ

掃引　84
掃引同調形アナライザ　89
掃引発振器　59
相互相関数　92
相対誤差　2
増幅整流形電子電圧計　72
増幅器　47
増幅率　47
損失　47

タ

帯域阻止フィルタ　50
帯域フィルタ　50
対数変換方式電力計　82
対数目盛　21
体積抵抗率　133
対地容量　139
だ円の方程式　119
ダブルブリッジ　126
単位　1

チ

地磁気　160
超伝導量子干渉素子　166
調波分析　156
直接測定　5
直動記録計器　39

直偏法　127
直流安定化電源　63
直流検流計　33, 99
直流高感度電圧計　74, 99
直流一交流変換形交流増幅器　99
直流増幅器　99
直流電位差計　102
直列共振回路　48
チョッパ回路　75
チョップ方式　86

ツ

ツェナーダイオード　58, 65, 104
ツェルニーターナ形分光計　178

テ

低域フィルタ　50
D/A変換器　65
抵抗減衰器　46
定在波測定法　147
データバス　95
低抵抗形電位差計　102, 103
デコーダ　70
デジタルLCRメータ　78, 134
デジタル形オシロスコープ　87
デジタル計器　16
デジタル測定　65
デジタル電圧計　77, 98, 101
デジタル表示　70
デジタルフィルタ　50
デジタルマルチメータ　76
デシベル　47
鉄損　170
デュアルスロープ形電圧計　68
電圧制御発振器　60
電圧端子　125
電圧電流計法　122
電位降下法　125
電位差計　98, 101
電位差計法　124
電解液の抵抗測定　129
電気単位の絶対測定　9
電源回路　63
電磁遮へい　141
電子電圧計　72, 100, 101
電磁誘導　141
電磁誘導の法則　161
転送制御バス　96
伝達関数　92
電池の内部抵抗の測定　130
電流端子　125
電流てんびん　10
電流平衡法　125
電流力計器　28

索引

ト
トーカ　96
等価インダクタンス　135
等価時間サンプリング　87
等価抵抗　135
同期　84
同期整流　75
透磁率　163
等分目盛　21
トリガパルス　85
ドリフト　43
トレサビリティ　14

ニ, ネ, ノ
二現象オシロスコープ　85
25cmエプスタイン試験器　171
二電力計法　113
入力オフセット電圧　43
任意関数発生器　56
熱起電力　100
熱電計器　31
熱電変換法　115
能動フィルタ　50
のこぎり波発生器　56, 84

ハ
ハーツホンブリッジ　143
倍率器　25
薄鋼振動片　152
波形分析　156
発振器　53
張りつり線　20
パワースペクトラム　92
反照形検流計　34
反転回路　43

ヒ
B-H曲線　164
PLL　62
BCDコード　70
ビート　154
光パワーメータ　174
ヒステリシス現象　160
ヒステリシスループ　167
ひずみ率　158
非同期誤差　76
比透磁率　163
ビット　70
非反転回路　43
微分透磁率　167
ピボットと軸受　19
標準インタフェース　94
標準コンデンサ　137
標準自己誘導器　135, 136
標準相互誘導器　136
標準抵抗器　13
標準電圧発生装置　104
標準電池　12
標準電波　150
標準偏差　3
表皮効果　31
比例辺　123

フ
ファブリーペロー干渉計　178
ファンクションジェネレータ　58
VHF　155
VCO　60, 62
フィルタ　50
フーリエ級数　91, 156
フーリエ変換　91
フーリエ変換法　157
フォイスナ式複合ダイアル　104
負荷効果　22
負帰還　44
不足制動　19
不平衡電圧　164
浮遊容量　134, 138
プラグ形抵抗器　123
ブラシ形抵抗器　123
ブリッジ整流回路　64
ブリッジ法　122, 123
ブルックス形誘導器　136
ブロンデルの法則　112
分圧器　104
分極作用　13, 129
分光器　176
分周器　156
分布定数回路　147
分流器　24

ヘ
並列共振回路　49
ヘテロダイン周波数計　154
変位法　6
ペン書きオシロスコープ　39
変成器ブリッジ　144
変流器　37

ホ
ホイートストンブリッジ　123
方形波微分形周波数計　152
方形波法　119
ホール効果　83
ホール効果形乗算器　83
ホール効果形電力計　83, 115
ホール素子　164
飽和磁界　167
飽和磁束密度　167
補間法　124
保護環　127
補正　2
保磁力　167

マ
マーカ発生器　60
μA 感度　34
μV 感度　34
マイクロプロセッサ　157
マイケルソン干渉計　176
巻線抵抗器　134
巻きもどし　38
マクスウエルブリッジ　141
まちがい　2
マンガニン　24, 134

ミ, ム, メ, モ
ミクサ　60, 90
ミラー積分回路　57
無効電力　116
メガ　128
モデム　96
漏れ磁束　160

ユ, ヨ
UHF　155
有効数字　7
誘電損　138
誘電損角　138
誘電力率　138
ユニバーサルカウンタ　75
容量電圧変成器　38

ラ, リ, レ, ロ
ラーセン形電位差計　106
ランダムサンプリング　87
リアクタンス変化法　146
リアルタイムサンプリング　87
リサジュー図形　118, 153
リスナ　96
理想オペアンプ　42
量子化誤差　67
臨界制動　19
零位法　6
ロックインアンプ　59

ワ
ワグナー接地装置　140
ワット時　35

著者略歴

大森　俊一
工学博士
1944年（昭和19年9月）　東京工業大学電気工学科卒業
1945年（昭和20年）　　　電気試験所（のちの電子技術総合
　　　　　　　　　　　　　研究所）入所
1968年（昭和43年）　　　東京理科大学工学部教授
　　　　　　　　　　　　　電気計測，高周波計測担当

根岸　照雄
工学博士
1966年（昭和41年3月）　工学院大学大学院修士課程修了
1986年（昭和61年）　　　工学院大学電気工学科教授
　　　　　　　　　　　　　電気計測，電気回路理論担当

中根　央
工学博士
1967年（昭和42年3月）　工学院大学電気工学科卒業
1969年（昭和44年）　　　東京理科大学工学部助手
1986年（昭和61年）　　　東京理科大学工学部講師
1993年（平成5年）　　　 工学院大学電気工学科助教授
1994年（平成6年）　　　 工学院大学電気工学科教授
　　　　　　　　　　　　　電子回路，パルス回路，電子計測担当

基礎電気・電子計測　　　　　定価はカバーに表示

1990年3月30日　初版第1刷
2008年3月25日　新版第1刷
2022年4月25日　　　第5刷

著者　大　森　俊　一
　　　根　岸　照　雄
　　　中　根　　　央
発行者　朝　倉　誠　造
発行所　株式会社　朝倉書店
　　　　東京都新宿区新小川町6-29
　　　　郵便番号　162-8707
　　　　電話　03（3260）0141
　　　　FAX　03（3260）0180
　　　　https://www.asakura.co.jp

〈検印省略〉

© 2008〈無断複写・転載を禁ず〉　　協友社・渡辺製本

ISBN 978-4-254-22046-9　C3054　　Printed in Japan

JCOPY　〈出版者著作権管理機構　委託出版物〉

本書の無断複写は著作権法上での例外を除き禁じられています．複写される場合は，そのつど事前に，出版者著作権管理機構（電話 03-5244-5088，FAX 03-5244-5089，e-mail: info@jcopy.or.jp）の許諾を得てください．

好評の事典・辞典・ハンドブック

物理データ事典 　日本物理学会 編　B5判 600頁
現代物理学ハンドブック 　鈴木増雄ほか 訳　A5判 448頁
物理学大事典 　鈴木増雄ほか 編　B5判 896頁
統計物理学ハンドブック 　鈴木増雄ほか 訳　A5判 608頁
素粒子物理学ハンドブック 　山田作衛ほか 編　A5判 688頁
超伝導ハンドブック 　福山秀敏ほか 編　A5判 328頁
化学測定の事典 　梅澤喜夫 編　A5判 352頁
炭素の事典 　伊与田正彦ほか 編　A5判 660頁
元素大百科事典 　渡辺 正 監訳　B5判 712頁
ガラスの百科事典 　作花済夫ほか 編　A5判 696頁
セラミックスの事典 　山村 博ほか 監修　A5判 496頁
高分子分析ハンドブック 　高分子分析研究懇談会 編　B5判 1268頁
エネルギーの事典 　日本エネルギー学会 編　B5判 768頁
モータの事典 　曽根 悟ほか 編　B5判 520頁
電子物性・材料の事典 　森泉豊栄ほか 編　A5判 696頁
電子材料ハンドブック 　木村忠正ほか 編　B5判 1012頁
計算力学ハンドブック 　矢川元基ほか 編　B5判 680頁
コンクリート工学ハンドブック 　小柳 洽ほか 編　B5判 1536頁
測量工学ハンドブック 　村井俊治 編　B5判 544頁
建築設備ハンドブック 　紀谷文樹ほか 編　B5判 948頁
建築大百科事典 　長澤 泰ほか 編　B5判 720頁

価格・概要等は小社ホームページをご覧ください．